"十三五"国家重点出版物出版规划项目

现代机械工程系列精品教材

工程学导论

第 2 版

邵　华　编著

吴静怡　主审

机械工业出版社

本书系统地介绍了工程学的基本知识和基础技能。首先叙述了工程学与自然科学及技术的关系、工程师与科学家的职责与区别，以及科学研究、技术开发及工程设计工作的关系与区别，然后详细介绍了创造（发明）产品的一般流程与具体实施方法，结合案例或实例介绍了方案设计、详细设计及材料选用方法。对于工程职业素养，包括知识与技能在工程职业能力中的作用与关系、职业道德及技术交流方法，本书也做了详细的叙述。附录给出了详细的课程项目实施流程。

本书可作为高等工科院校低年级师生工程学导论课程的教材以及高年级学生设计与制造系列课程教学参考书，也可作为有志报考工科大学的高中学生科创活动以及工科大学入学面试的参考书。

图书在版编目（CIP）数据

工程学导论/邵华编著. —2版. —北京：机械工业出版社，2021.9
（2024.8重印）

"十三五"国家重点出版物出版规划项目　现代机械工程系列精品教材

ISBN 978-7-111-68939-3

Ⅰ.①工… Ⅱ.①邵… Ⅲ.①工程技术-高等学校-教材 Ⅳ.①TB

中国版本图书馆 CIP 数据核字（2021）第 162117 号

机械工业出版社（北京市百万庄大街 22 号　邮政编码 100037）

策划编辑：蔡开颖　责任编辑：蔡开颖　段晓雅

责任校对：张晓蓉　封面设计：张　静

责任印制：单爱军

保定市中画美凯印刷有限公司印刷

2024 年 8 月第 2 版第 8 次印刷

184mm×260mm · 11.25 印张 · 253 千字

标准书号：ISBN 978-7-111-68939-3

定价：34.80 元

电话服务	网络服务
客服电话：010-88361066	机 工 官 网：www.cmpbook.com
010-88379833	机 工 官 博：weibo.com/cmp1952
010-68326294	金 书 网：www.golden-book.com
封底无防伪标均为盗版	机工教育服务网：www.cmpedu.com

序

  创新是国家科技发展的核心要素，鉴于国家对创新人才的需求，大学本科工程教育教学急需改革。工程教育不仅应该强调基础理论和通识教育，也应该注重提升学生的工程实践能力，因为卓越的工程实践能力是现代工程创新人才的重要特征。该书就是应对这一需求而编写的。

  该书首先介绍了工程、技术与科学之间的关系，让读者初步了解工学与理学的共性与区别；进而详细介绍了现代工程领域与工程师的分工，让读者了解到现代工程技术工作往往需要不同领域工程师的协作。该书的核心内容涉及科学思维、工程思维以及工程创造的一般方法，让读者初步了解如何面向工程需求提出问题解决方案，以及如何运用科学思维及工程思维进行工程创新。该书还详细介绍了工程师的职业素养（包括工程师的职业道德、团队合作精神等）及技术交流的要点，使读者认识到，现代工程师不仅要有扎实的技术能力，还需要有良好的个人品德和交流能力。可以预期，通过"工程学导论"课程的学习，学生将对工程学有较为完整和系统的认识，对工程领域的发展有一个前瞻性的了解，从而激发学生对后续专业课程的兴趣和向往，明确今后的学习目标和努力方向。

  该书是上海交通大学机械与动力工程学院借鉴密西根大学等国内外高校工程导论类课程的教学内容，结合中国大学的教学特点，进行了十多年工程教学改革实践的结晶。上海交通大学十多年的"工程学导论"课程教学实践已使学生的工程综合实践能力得到了较大幅度的提升。希望该书的出版能够让既有的工程教育改革经验和成果惠及更多学子，为培养更多高质量、有国际竞争力的现代工程创新人才做出贡献。

林建额

于上海交通大学

前言

　　基于上海交通大学工科平台的教学实践，本书根据现代工科教学对设计思维和创造性思维能力的培养要求，在第1版基础上进行了大幅度调整和补充，内容更加全面，在保证工程理论系统性的前提下，优化了教学内容，更加注重工程方法的传授与练习互动融合，将设计方法和能力提升要求贯穿于教材之中。本书从工程实际出发，使学生在应用中学习，突出培养学生的团队协作能力，充分体现新工科教学改革的目的。

　　本书保留第1版前3章内容并做了适当调整和补充，第4章和第5章整合了第1版第4章、第6~8章的内容，并将第1版第5章的内容进行了大幅度拓展，补充了大量的案例，形成了第6~10章的内容。本书的10章内容具体为：第1章绪论，第2章科学、技术与工程，第3章工程与工程师，第4章工程与社会，第5章工程执业能力与素养，第6章创造产品的一般流程，第7章方案设计，第8章详细设计，第9章材料选用，第10章样机制作与测试。每章安排适当的习题与思考题供学生思考和练习。

　　本书要求工程学导论课程项目选题采用由学生结合日常需求自主提出产品开发项目的方式，需要学生进行需求调研，并练习撰写相应的项目建议书，结合班级答辩和研讨，从中选出技术水平恰当的产品开发项目供学生实施。课程项目实施方法与第1版类似。每个课程项目安排3~5名学生作为一个项目组，且项目组每个成员均需定期轮流担任项目组长，以培养学生的团队合作能力和协调管理能力。附录给出了详细的课程项目实施流程。

　　在课程项目进行过程中，需要学生根据项目进度定期提交项目建议书、方案设计可行性分析报告及详细设计可行性分析报告，并进行课堂演示及讨论。项目完成后，需要提交研究报告并进行课堂答辩或项目展示会答辩。对于这些穿插于教学过程的讨论、答辩及书面报告，教师可以根据项目不同阶段安排在本书的相应章节。

　　通过工程学导论课程的学习，将使学生对工程学有较为完整、系统的认识，明确今后的学习目标和努力方向，有助于学生对工程领域的发展有一个前瞻性的了解，从而激发学生对后续专业课程的兴趣和向往。

　　感谢袁键键博士对本书的插图绘制及文本格式编辑工作给予了很大帮助。感谢吴静怡教授在百忙中抽出宝贵的时间审阅了本书，并提出了宝贵的意见。

　　由于编者水平有限，错误之处在所难免，敬请读者指正。

编著者

目 录

第 1 章

绪 论

▶ 本章学习目标 ◀

1. 能够了解工程发展的历史。
2. 能够理解想象力对工程的作用。
3. 能够理解工程与技术的关系。
4. 能够认识工程技术对于国家竞争力的重要性。
5. 能够展望工程的未来。

1.1 工程的历史

工程的历史是人类适应自然、改造自然的历史。人类在征服自然灾害、利用自然资源的过程中逐渐发展、不断进步，为了让生活更方便、更舒适，人类改变了河道、修筑了道路并开采利用了自然资源（如伐树和采矿等）。我国自古以来就取得了很多伟大的工程成就，都江堰（图 1-1）就是其中之一，它是造福人类的伟大水利工程。它建于公

图 1-1 都江堰

元前 3 世纪，是中国战国时期秦国蜀郡太守李冰及其子率众修建的一座以无坝引水为特征的宏大水利工程。2200 多年来，它一直发挥着巨大作用，不仅是中华文明，也是世界文明的伟大杰作。都江堰无疑是我国工程史上的一座丰碑。

不可否认的是，工程的历史也是人类自身相互竞争的历史。从古今中外残酷的资源和地盘争夺战，到现代的、文明的、良性的商品竞争，这些竞争在人类当代及历史上，都对工程技术提出了强大的需求。历史上，罗马人在八百多年时间里，从罗马城狭小的国家开始，将其国家发展成为一个幅员辽阔的庞大帝国（自苏格兰横跨欧亚大陆至以色列）。为了维持幅员辽阔国土的稳定性，他们利用当时的工程技术建设了很多公共基础设施，实现了供水与污水处理、交通、河流贯通，还建设了可供休闲娱乐活动的基础设施。然而，罗马人对科学基础知识不感兴趣，因此，罗马统治下的帝国没有取得显著的科学成就，但这不妨碍他们取得伟大的工程成就。他们基于简单的常识，使用经济的材料，并采用大量的无偿劳动力——奴隶，建造了很多伟大的工程设施。例如，早期的罗马建设者基于半圆形拱门的思想建造了城市的渠道，解决了罗马城的供水问题。这种半圆形拱门的设计是由伊特鲁利亚人（意大利北部非印欧语系的人）提出来的。尽管人类在很久以前就开始使用混凝土，但高强度混凝土始于罗马工程师对混凝土配方进行的革命性改良，使得混凝土不但坚如磐石而且能有效防水。有了这种新型混凝土，罗马人重新规划改造了城市，他们在城市中建造民宅，甚至给这些民宅配备了中央供暖系统。罗马的公路网络起始于著名的阿皮亚古道，最初是出于军事需要，后来逐步向外拓展、延伸。罗马帝国为了捍卫领土并继续扩张，需要实现军力的快速投放和部署，庞大的军队与战车要求有平整、坚固的道路路面。为了使道路平整，罗马工程师使用铅锤等简单器械来确保路面处于水平位置；为了使道路坚固，他们采用了多层路面的设计方案（这种道路通常有四到五层路面构成，最厚的路面厚度可达 1m）。

我国的长城（图 1-2）是古代中国为防止北方民族入侵而建造的庞大的国防工程，无疑是我国乃至世界土木工程史上最伟大成就之一。长城的建造始于公元前 3 世纪，当时中国处于秦始皇的统治之下。秦始皇建造长城的目的是为了防止当时亚洲北部匈奴民族的攻击和骚扰。为了达成这个目的，他强征了成千上万的农民，迫使他们离开家园和田地参与建造这一庞大的建筑工程。虽然秦始皇在世时没有完成长城的修筑工程，但后来的统治阶级基于同样的目的，继续建造这项庞大的工程，其人工建筑的长度最终达到了六千多公里（包括支脉）。不同时期建筑的长城，其材料和规模不尽相同，但城墙大部分是由黏土砖建成，长城的平均高度为 6~7m、宽度为 4~5m，每隔几百米就建有一个瞭望塔。

同样来源于军事需求的投石机（图 1-3）也是我国古代在 2200 多年前创造的。它由一根绕固定支点旋转的梁组成。梁的一端有一个放置射弹的杯状物或投射器，另一端是平衡物，在进行射弹时，使梁旋转并将射弹投向空中。投石机大约在 1400 年前传到地中海，这时它已经能远距离投送重达 1t 的物体。事实上，即使在加农炮发明之后，投石机仍然在战争中广泛使用，因为它的投送范围比早期的加农炮更远。当代英国也曾建造过一台现代投石机，它使用重达 30t 的平衡物，能将四百多公斤的重物投送 80m 远。

图1-2　长城

图1-3　投石机

综上所述，军事需求在历史上是推动工程技术发展的重要动力之一。即使在现代文明高度发达的今天，出于维护国家安全的需要，各国政府也在军事工程领域投入巨额资金进行研究和开发。如军舰（图1-4）、航空母舰及其舰载战斗机就是出于国家安全的需要而取得的军工工程成就之一。值得庆幸的是，军事领域获得的某些尖端工程技术成就，也可以广泛地应用于民用领域。如航空航天工程以及核工程领域的工程技术成就，一开始均起源于一些国家对战争优势的需求，后来被广泛应用于造福人类的民用工程，如载人航天，核能等。

在民用领域，我国古代工程成就也是非凡卓越的。在公元1世纪，宫廷太监蔡伦将树皮、麻、破布、渔网混合制成了纸。9世纪至12世纪期间，中国印刷技术（图1-5）得到了很大发展，这使得中国成为世界上第一个出版书籍和第一个发行纸质货币的国家。

图1-4　军舰

图1-5　纸及印刷技术

1.2　工程与设想

工程需要创造力，创造力是指产生新颖的、有价值的设想或产品的能力。创造力又常常依赖于想象力。想象力是指人脑产生的、不能直接变为现实的设想或产品。事实上，工程创造的产品或系统大多来源于人类的想象力，这也是科学巨人爱因斯坦为什么会说"想象力比知识更重要"的原因。数百年前达芬奇是一个充满想象力的艺术家、科学家、医学家及工程师。他构思了人类的飞行器（图1-6），虽然当时的工程技术无法实现该设想，但却为后来的人们提供了无限的遐想，如今的工程技术已经把达芬奇的设计变成了现实。

过去人类的设想只能通过语言、草图、素描或绘图加以描述。建筑学专业就是一门基于想象力的专业，建筑师需要想象出满足人类需求的建筑造型（图1-7）。随着计算机技术的发展，现在人类的设想可以用栩栩如生的三维图像（图1-8）及动画方式呈现，对于工程设计及验证十分方便、直观，极大地推动了工程技术的创新和发展。

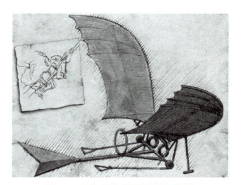

图1-6 达芬奇设计的飞行器

图1-7 上海东方明珠广播电视塔

图1-8 数字模型：自行车的设想

1.3 工程与技术

实现工程目标所采用的原理、工艺及方法，通常称为工程技术。工程依赖技术的发展，技术是实现工程的手段。技术比工程更依赖科学的发展。技术是建立在科学与工程间的桥梁，这也是为什么总是将科学与技术统称为"科技"的原因。

工程技术的领先是一个国家的竞争力所在。在第二次世界大战期间，尽管大部分世界经济遭到破坏，然而，美国经济体系却完好无损。第二次世界大战后几十年里，由于世界各国战后重建带来的强大需求，使得美国出口持续增加，经济保持强劲势头。当时的世界各国，都需要美国的产品，不是因为美国产品质量好，而是因为当时美国产品几乎是不可替代的。由于没有竞争，造成了美国工业界普遍缺乏对制造工艺追求卓越的精神，使得很多现代美国产品质量下降。第二次世界大战结束后初期，贴上"日本制造"的标签均被认为是劣质产品，后来日本企业通过不断创新制造工艺技术并严格管理制造过程，"日本制造"逐步成为质量优越而又经济实用的标签。

现在，世界经济完全不同了。我国经济借助改革开放，经过40多年的高速发展，已经形成了几乎所有产品的供应链体系，能够生产和欧、美、日等主要经济体质量一样好、甚至更好的产品。在当前全球化背景下，国际市场的消费者可以购买来自全球的产品。高质量、低成本的产品生产能力意味着就业岗位。我国曾因为廉价劳动力的优势，在很多传统的劳动密集型产品领域，能生产高质量、低成本的产品，具有很强的全球竞争力，这为我国创造了很多就业机会，并使我国经济飞速发展了40多年。然而，随着经济的发展，我国劳动力成本也在不断上升，这使得一些采用传统工程技术生产的劳动密集型产品已逐渐失去了竞争力。为迎接这一挑战，必须开发使用机器代替人工的制造方法，以留住制造业岗位，并使得我国经济得以持续发展。另外，在高科技产品方面，欧美国家仍然处于相对领先的地位。他们几乎垄断了从高端精密制造装备、精密传感器到航空发动机等高科技工程产品。尤其是美国在原创性高科技产品开发方面更是鹤立鸡群。美国极具竞争力的优势是美国的科学基础很强，企业技术开发及工艺开发能力强，且集成技术进行产品创新的能力更是遥遥领先。美国有很多科技型企业，他们可以通过将最新的科学研究转化为消费产品来保持其竞争优势。以美国为代表的欧美工业及企业界普遍聚焦客户需求开展工作，围绕客户需求的质量控制技术已经融入企业文化。企业必须能识别它们的消费者，了解他们的需求，注重质量，然后通过制造和管理行为创造出满足消费者需求和期望的产品。美国、德国及日本等发达国家仍是目前世界上的制造强国，他们掌握着小到纳米级精度的微细系统，大到巨型零部件的航空母舰等系统的设计与制造技术。

无论是从历史上看还是从现代来看，强大的工程技术水平与能力往往决定着国家的整体竞争实力，如18世纪的英国依赖蒸汽发动机技术，称霸全球；第二次世界大战时期的德国、日本更是依赖强大的军工技术，发动了第二次世界大战；今天称霸世界的美国，依赖的仍然是其强大的工程技术能力。事实上，今天代表美国国家实力的不仅仅是微软、苹果或Facebook，而是洛克希德·马丁、波音、通用电气等拥有强大工程技术能力的企业。而代表我国国家实力的不仅仅是华为、阿里巴巴及腾讯（图1-9），而是中国航空工业集团、中国航天科技集团、中国船舶工业集团等大型国有企业所拥有的处于世界领先的工程技术（图1-10），作为中国未来的工程师应该充分认识到工程领域的发展现状和趋势，积极探索具有全球竞争力的工程技术。

图1-9　华为、阿里巴巴及腾讯

图1-10　中国航空、中国航天及中国船舶

1.4 工程与未来

未来的工程创新已经浮现在人们眼前，在环境保护、能源、医疗、交通、太空、机器人及人工智能等领域，工程师将在21世纪的技术创新中发挥关键作用，这些工作与过去的工作大不相同。工程师将创造未来世界，同时这个未来世界也将把工程师的工作聚集到计算机不能做的技术领域。在能源领域，风能、太阳能及潮汐能等绿色能源将逐步取代煤炭、石油等化石能源。风能、太阳能及潮汐能设备大多建在人烟稀少的沙漠、海洋地带，这些新能源设备的建造、运行及维护需要工程创新解决诸多关键技术问题。在医疗领域，人造器官、人脑传感器及医疗诊断与治疗设备的发展，将需要大量的工程技术人才不断地创新。在交通领域，新能源汽车及无人驾驶新技术的发展将使得未来人类出行方式更绿色、更安全。在太空领域，空天工程技术的发展将逐步实现人类星际探索、旅行乃至居住的梦想。机器人及人工智能的发展将加速人们的工作效率并解决社会存在的诸多问题。

作为未来的工程师，身上肩负着增强国家未来竞争力的使命，不仅要了解和掌握当代工程技术的先进理念和技术方法，还要充分认识到保护环境对人类可持续发展的重要性。

习题与思考题

1-1 古代和现今，工程的发展有什么不同？

1-2 为什么说工程具有艺术属性？

1-3 什么是工程技术？

1-4 工程技术如何体现国家竞争力？

1-5 如何展望工程的未来？

第 2 章

科学、技术与工程

本章学习目标

1. 能够认识基础研究、技术开发及产品开发三种不同的科研属性。
2. 能够理解科学思维、横向思维及工程思维的区别与特点。
3. 能够理解科学方法与工程方法的区别。
4. 能够处理工程中不可量化的指标。
5. 能够对复合问题进行分解。
6. 能够识别关键子问题。
7. 能够识别约束和考虑全局优化问题。
8. 能够应用求解工程问题的基本策略解决工程问题。

2.1 定义

从小学到高中，人们学了很多科学知识。在了解工程之前，有必要再回顾一下，什么是科学。科学不仅仅是关于自然的事实、概念及有用思想的集合，而且是对自然的系统探索和研究。科学是探索、了解自然并揭示可靠自然知识的方法。所谓可靠的知识，就是可重复验证的、真实的、可以信赖的知识。科学具有挖掘和发现可靠知识的属性。科学工作者会说科学是人类的自豪，因为它是通往发现的道路。通过发现问题并寻求不带偏见的、统一且一致的答案，科学让人们了解真实的世界。

什么是工程？大英百科全书将工程定义为"应用科学原理将自然资源，以优化的方式转换成结构、机器、产品、系统及工艺，以造福人类的方法"。工程是应用于实际的、科学的，符合数学法则，重视经验，需要判断力和常识的艺术。满足人类社会发展需求、基于自然规律、运用人类智慧及创造力是工程的关键要素。工程来源于人类社会发展的需要，从人类试图使用工具改善其生活和生存环境时，对工程及其技术的需求也随之产生。在古代，原始的工程及其技术知识来源于人类使用工具的经验，大多为经验知识，由于没有文字甚至语言，原始工程技术知识的传承通过前一代人示范、下一代人的反复模仿与练习实现，此时经验知识的示范式传承是古代工程技术发展的主要方式。随着语言和文字的发展，人类可以记载、归纳和提炼工程的经验知识，从而逐渐形成了系统的工程理论知识。特别是英国工业革命之后，人类对工程技术的需求达到了前所未有的程度，经过200多年的发展，逐步出现了学科门类齐全的多个工程技术领域。

工程是创造造福人类产品的手段。几乎所有围绕在人类周围的物体（通常称为产品）都是工程师们努力工作的结果。如人们现在所坐的椅子就是一个典型的工程产品。椅子的金属零件，其材料来源于矿山中开采出来的金属矿石，采矿的过程是由采矿工程师设计的；金属矿石由冶金工程师通过冶金机械设备提炼，而这些设备则是由土木工程师和机械工程师设计制造的；机械工程师负责设计椅子的各个零件及制造椅子的机器；椅子上的高分子材料（如塑料）或纺织物大多来源于石油，石油工程师负责石油的开采与生产，而化学工程师则从石油中提炼并制造出高分子材料；装配好的椅子是通过货车甚至飞机运送到客户所在地，而货车或飞机是由机械工程师、航空工程师和电气工程师在工厂中设计与制造的；工业工程师则完成优化工厂的空间使用，资金和劳动力分配；货车行驶的道路和桥梁是由土木工程师设计和修建的。

工程师不仅在把产品推向市场的过程中起着关键的作用，还是一些非常具有挑战性的人类探索活动的核心参与者。例如，我国的"神州系列"项目是使人类摆脱地球引力、登上太空的伟大事业。这是我国迄今为止最伟大的工程成就之一。

2.2 科学、技术与工程的关系

美籍匈牙利空气动力学家及航空航天工程专家西奥多·冯·卡门（Theodore Von Karman，图2-1）曾就工程与科学的关系做过这样的表述："科学工作者（家）研究现有的世界，工程师则创造从未有过的世界。"这一表述可以很清晰地让人们了解工程与科学的区别和分工。事实上，科学与工程的关系，类似分析与综合的关系。科学通过分析自然界，掌握自然规律，而工程则综合应用这些科学规律解决自然界面临的问题。简言之，科学是分析、发现，工程是综合、创造。而技术则是连接科学与工程的桥梁，技术基于科学原理给工程提供解决方案。

图 2-1 西奥多·冯·卡门

人类来源于自然。随着社会的进步，人们产生了越来越多的认识自然甚至改造自然的需求，从而也随之诞生了满足这些需求的科学、技术、工程及最终的产品（图2-2）。在人类发展历史上，面向人类实际需求的工程技术常常在时间上超前于相应的科学探索。投石机在其科学机理被理解之前就被广泛建造和使用。很多现代科学知识和概念，如力向量和功（力施加一段距离）则被认为是由工程师发现的，因为这些知识可以在工程上用于改善投石机的性能。

当代科学及技术的革命，极大地推动了工程及其产品的发展，而这些实现人类梦想的工程及其产品，反过来又为科学和技术的发展提供了新的手段。近百年来，人类在航

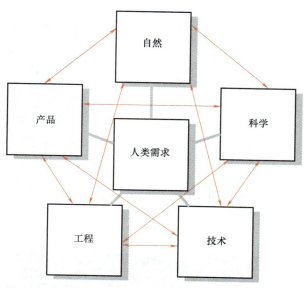

图2-2 人、自然、科学、技术、工程及产品之间的关系

空航天领域的成就，就是科学与工程技术相互推动共同发展的典范（图2-3）。从牛顿1687年发现万有引力，过去几个世纪人类对太空的探索，大多数均停留在科学发现与概念设想阶段，直到1961年加加林首次搭乘宇宙飞船克服地球引力飞向太空，人类花了274年才真正迈出了从太空探索科学认知走向太空探索工程实践的第一步。宇宙飞船载人飞向太空是迄今为止，人类基于对万有引力的科学认知所取得的最伟大的工程成就。人类登上太空之后，可以完成以前不可能完成的科学探索任务（如培育太空种子，为人类生产出产量高、味道好的食物寻找新的解决方案和技术）。

工程与科学并不总是同步、并行发展的。宇宙飞船是靠火箭推动飞向太空的，而火箭工程技术的发展起源于12世纪古代中国的喷气推进火箭，这时人类还没有认识到万有引力的规律。然而，这丝毫没有阻挡人类的飞天梦，大约在公元1500年，中国明代一位官吏名叫万户，他为了飞向没有人间是非的月亮，在一把座椅的背后，装上47枚当时可能买到的最大火箭。他把自己捆在椅子上，双手各持一个大风筝，然后让他的仆人同时点燃47枚火箭，其目的是想借火箭向前推进的力量，加上风筝上升的力量飞向前方，最终到达月亮。万户的悲剧体现了没有科学认知基础的工程探索是充满艰辛和风险的。1959年，科学家们将月球背面的一座环形山命名为"万户"山（图2-4），以纪念"第一个试图利用火箭进行飞行的人"。500多年后，中国人作为万户的传人，终于在掌握现代科学及工程技术的基础上，将玉兔号成功送上月球（图2-5）。

当前的工程学教育强调数学、科学和经济学，使得工程学成为一门"应用科学"。然而，上述历史案例证明这种教育方式不一定是最佳的选择，因为工程师们大多是受直觉以及直接或间接经验引导。不仅在航空航天领域，古代很多伟大的建筑物、沟渠、隧道、矿山和桥梁都是在18世纪初之前完成的，而18世纪初才建立了现代工程学的科学基础。因此，工程教育仅仅围绕知识传授的课程体系难以满足社会对工程人才的要求，实践教学应该是工程教育的核心。

图 2-3　神州载人火箭发射升空

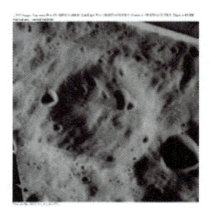

图 2-4　月球上的"万户"山

图 2-5　玉兔号月球车

　　和传统工程师一样，当代工程师也经常需要在不理解基本原理的情况下解决工程实际问题。毋庸置疑，工程师会从科学理论中受益，但有时需要在理论与实际联系之前提出解决方案。例如，当工程师在考虑如何利用超导体，制造可以实用的软导线（超导软线可能应用于未来的电力设备中）时，科学家们却在探索高温下的超导现象。而在超导这一研究课题方面，科学与工程又是紧密联系的，科学发现需要工程去落实到实用产品中，而后者则面临更大的挑战，需要更大的创造力。需要注意的是科学家和工程师的工作目标是不一样的，科学家主要研究"是什么"，而工程师研究"如何实现"，因此科学家和工程师在方法学方面存在本质的区别。

2.3　研究与开发

　　研究与开发（research and development，简称 R and D 或 R&D），国际经济合作与发展组织 OECD 将其定义为"系统地增加人、文化及社会知识并将这些知识进行新的应用的工作"。而维基百科（Wikipedia）则将研究与开发定义为"通常是由政府或合作机构组织的科学的或某项特定技术的开发工作"。维基百科将 R&D 工作描述为"一般由隶属公司、大学及政府的专业机构或研发中心组织实施的活动。在商业背景下，研究和开发通常指在科学和技术领域，将相关的技术应用到面向长期、面向未来可能会带来广泛商业成果的科学研究工作"。对于具体的企业而言，研究与开发通常是围绕企业当前及未来产品，为满足客户需求而进行的开发工作。

基于研究与开发工作的性质，R&D 工作又可分为基础研究、技术开发及产品开发。基础研究（即传统的科学探索）旨在发现自然界的规律，属于长期的研究工作，具有预期不确定性、研究期限不确定性的特点，因此，不能规定其研究时间和结果。虽然基础研究工作，短期没有回报，但人类的发展又需要开展这些工作。例如，病毒会危害生物健康，对病毒生长、传播机理的研究就属于基础研究，然而这些研究不能带来直接利润，而研究人员不仅需要设备开展这些研究，而且需要工资维持他们及家人的生活，这些都需要由政府及公益机构进行资助。国家自然科学基金就是为资助这些探索自然规律的工作而设立的。

技术开发旨在将基础研究所获得的发现或知识应用于产品或工艺上的活动。技术开发活动，介于基础研究与产品开发之间，往往是基础研究成果进行产品化或应用于产品的桥梁或手段。通常，技术开发属于中期的研究工作，研究人员的组织结构较基础研究紧密，但相对产品开发的组织结构宽松，因此组织规划难度高，研究回报仍具有一定的不确定性，换言之，失败的风险很高。然而，技术开发一旦取得成功，往往会给研究人员及机构带来巨大的回报，所以，除了政府进行技术开发的资助外（如科技部的 863 计划），不少以科技为导向的企业也会不惜巨资投入相应的技术开发。

产品开发旨在满足客户需求，应用基础研究及技术开发的成果，通过缜密组织研究与开发，在规定时间内，完成预期的产品开发任务。产品开发相对技术开发，周期更短，但成果明显，具有最强的确定性。产品开发一般是以获取利润为目标的企业行为。新产品的设计与开发对企业的生存至关重要。由于技术更新及社会的发展，企业必须持续不断地更新其产品，并扩大其产品的门类，以满足客户不断变化的需求，从而超越其竞争对手。没有研究开发能力的企业（部分中小企业仍处于这样的状态），通常依靠战略联盟（与具有产品及核心技术的企业合资等）或购买技术来获取他人的创新。产品开发是市场驱动的，客户需求为第一要素，永远只开发能销售出去的产品。市场调研是获得客户需求的有效方法。对于技术驱动的产品，就是制造出超越现有产品技术的高性能产品，从而确立市场优势。

政府或企业的研究开发水平，通常以研发预算、专利数及经同行评议过的发表论文数为标志。而应用最广泛的标志是研发预算。在美国一般企业的研发预算为年销售额的 3.5%，科技企业（如计算机制造）的研发预算为年销售额的 7%，而研发预算超过年销售额 15% 的企业才被称为高科技企业。研发投入最多的公司大多在生物科技行业，如美国的艾尔建（Allergan）生物科技公司，其研发预算可达 43.4%。其次为药品制造业，如默克集团（Merck&Co）为 14.1%，诺华（Novartis）公司达 15.1%。工程领域的技术密集型行业，研发投入也会很高，如爱立信公司达 24.9%，当然，这些高科技公司由于巨大的非常规研发投入会面临银行信贷风险。通常这些公司是基于客户的极端需求而成长的。这些极端需求存在于医学、科学仪器、安全性极高的系统（如飞机）以及高科技的武器装备领域。这些极端需求值得进行高风险投入，因为，一旦成功就可以带来高达 60%~90% 的销售毛利润。获取 90% 的毛利率是因为很多研发投入项目没有产生预期的盈利产品，这些全部要折算到成功的产品上，这也是为什么人们要尊重成功产品知识产权的道理。因为这个成功的产品是在经历了数十次乃至上百次原型机失败的基础上逐步完善的，它凝聚了众多研发人员甚至是几代研发人员的辛勤劳动，耗费了企业大量的资金，最先享用该产品的用户，自然需要分担这些费用。研究表明具有持续 R&D 策略的公司领先于进行不定期研发及无研发的公司。由于研究的属性决定了研究人员无法预先准确了解如何实现预期的结果，因此组织研究与开发工作是一项难度很大的工作。这也是高的研发投入并不能保证"更多的创造力，更高的利润及更高的市场份额"的原因。

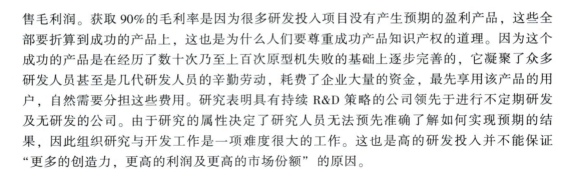

例 2-1　典型美国医药产业研究开发过程。

美国联邦政府 2005 年在健康领域的研发投入是 250 亿美元。这部分资金大部分作为医药工业研发基金用于疾病机理的基础研究。大学生、研究生及博士后研究人员是该研究开发工作的主力军。联邦政府资助各研究机构的研究生及博士后研发人员进行基础研究。医药界也会雇佣在校学生作为实习生从事研发工作。政府与民营研发工作有时也会重叠，如人类基因图的研究工作就是政府与民间合作开展的。但大多数情况下，政府资助医药基础研究，而具有潜在商业价值的应用研究则由医药公司承担。在美国，大学是药理基础研究阶段的主要力量。开发阶段主要包括概念验证、安全测试并确定最佳剂量及吸收机理，这些阶段都由药品安全机构进行认证管理。美国通过基础研究获得的化合物大约有十分之一能通过所有开发阶段的认证，最终进入药品市场。

随着竞争的不断加剧，研究开发对当代企业极其重要。特别是在企业市场部，需要敏锐监测竞争对手及客户需求，使得研发工作能跟上市场节奏和发展趋势。

尽管工程师在制造给消费者使用的普通产品时需要严格控制成本，也有一些工程项目为了达到预期目标，不惜成本进行研发。冷战期间，美国的阿波罗项目就是一个不计成本的政治项目。当时，美国总统肯尼迪为了让美国的空间技术超越苏联，便向世界承诺，阿波罗项目将在 1970 年之前将一个人送上月球。他坚持认为"成本是次要的，登上月球才是最重要的"。

2.4　思维方式

科学思维（scientific thinking）在知识经济时代是极其重要的。知识影响着人们的行为方式。科学思维方式可以让人们更快、更多地了解专门知识。科学思维应该是全面的思维方式，不是孤立的辩证思维（critical thinking，也有人将它称为批判性思维）、分析思维与逻辑思维。科学思维在理论和实践上是一致的，它是给人们带来可靠知识的方法。

2.4.1　科学思维和辩证思维

科学家采用科学方法研究自然并探索宇宙，这时他们在进行科学思维。然而，科学思维不为科学家所独享。任何人，即使不在研究和探索自然，只要学习科学方法或应用科学知识都可以认为在进行科学思维。事实上，人们在每天日常生活中都会应用科学思维的原理和方法，例如，学习历史和文学，研究社会和政府，寻求经济和哲学问题的解决方案，甚至回答私人问题时，都可以被认为在进行科学思维。辩证思维是一个人通过科学的思维获得问题的答案或解决问题的方法的思维方式。辩证思维可以带来关于生活和社会各方面的可靠知识，不严格局限于正规的研究和探索自然的工作。科学思维和辩证思维本质是相同的，只不过科学家通常采用科学思维，而普通大众通常采用辩证思维。学校通过将科学思维应用到所有学科及领域，达到培养学生进行辩证思维的目的。辩证思维是人们在学校及大学学到的最重要的技能。这些技能不仅可以在科研领域发挥作用，也可以在人类学、社会科学、商业、法律、新闻及政府部门发挥作用。这也就是为什么大学都要开设科学课程，不管学生最终从事什么专业或职业，学生从科学课程中不仅学到知识，更重要的是学到科学思维方式，同时，也可增强辩证思维能力。

1. 科学和辩证思维的三个核心要素

科学思维基于三个核心要素：基于或采用实验的证据、进行逻辑推理以及对现有知识的质疑态度（包括自我质疑、避免过早结论、不固执己见）。这三个要素是科学思维的根基，没有这些要素就不是科学思维。

（1）实验主义　永远基于实验证据　实验证据（empirical evidence）是指人们可以看见、听见、摸到、尝到或闻到的证据，是通过人类感官感觉到的证据。而且，这些实验证据是可重复的，也就是说实验证据是除实验者之外其他人也能感受到的证据。可重复的实验证据是科学家及辩证思维者用于做出重要决定并获得严谨结论的重要依据。

人们可以通过对比实验证据与其他类型的证据理解其价值。听来的证据（hearsay evidence）是指从某人处听到的证据，如果无法验证其来源，就不是可靠证据。在美国，即便是法庭证词（testimonial evidence）也常常被认为是最不靠谱的证据。美国法庭还允许间接证据（circumstantial evidence）（如手段、动机等），显然这也是不可靠的证据。所谓超自然的显灵（revelatory evidence or revelation）就更不可靠了，因为无法被其他人验证或重复。

取代实验证据的权威证据（authoritarian evidence），常常是由机构（如政府、书籍、数据排行榜、电视广告等）发布的。有些机构是可靠的，因此，可以信任其证据。对于大部分机构，在接受其证据前，需要确认其可靠性。最后需要强调的是，必须依靠自己的辩证思维，去判断证据的真伪。然而，人们还是会自觉或不自觉地接受由授权部门传输知识，其主要原因有以下三个方面：

1）人自出生起就由父母监管和教导，父母所采取积极的和消极的措施，都会让人们从小养成听取、相信和服从权威的习惯。

2）人们通常会认为依赖有经验的或经培训人员或机构的决策会比依赖没有这些资质的人员和机构的决策，具有更高的生存和发展前景。因此，服从权威的行为习惯不断得到加强且会代代相传。

3）通过授权机构发布指示是最快也是效率最高的信息传播方式。

因此，必须牢记：有些权威证据和知识需要经过实验证据、逻辑推理和辩证思维进行验证，才能将其接受为可靠的证据和知识，而这些只有靠自己的独立思考才能做到。

当然，如果不完全依赖权威证据（通常称之为知识），就不可能得到充分的教育。一般，人们可以信赖教师、教练及教授提供的权威证据，但即便是他们提供的证据在某些情况下也应该受到质疑。当今教育系统广泛采用权威证据，这又刚好与学术及科学探索所需要的真实精神相悖。近年来，各级教学机构通过在课堂及实验室增强探索和发现的相关实践内容，以消除人们对权威数据的依赖和迷信。

实验证据的另一个名字是自然证据（natural evidence）。自然主义哲学认为"真实和存在（如宇宙）只能用自然证据、自然过程及自然规律加以描述与解释"。这与科学所追求的完全吻合。自然主义的另一个流行的说法是"宇宙正如科学所述而存在"，这个说法强调了科学与自然证据和规律的强大联系，也揭示了人们对物质现实和存在的理解最终是基于哲学的。科学和自然主义拒绝以绝对真理的理念支持超自然主义哲学。超自然的东西，如果不能被科学考核和检验，即使存在，也与科学无关。通过科学和辩证思维不可能掌握超自然的可靠知识。任何声称拥有超自然知识的人，他获取这些知识不是基于辩证思维，而是通过其他的认知途径。

科学探索无可争议地成为人类在其文明发展史中最成功的方法，因为它是成功发现和形成可靠知识的唯一途径。科学与辩证思维要求人们拒绝将盲目信仰、权威及人的主观情感作为获取可靠知识的基础。

（2）逻辑推理　科学家及辩证思维者总是采用逻辑推理。基于逻辑能让人们获得正确的推理，但逻辑推理是一个复杂的、难以掌握的主题，很多书籍都专门介绍如何进行逻辑推理。然而，大部分人因为没有学过而不知道如何正确进行逻辑推理。逻辑推理能力不是一个人与生俱来的或是靠自身努力逐渐发展和改善的能力，而是需要经过正规教育培养出来的技术和素质。对普通人来说，情感思维（emotional thinking），希望思维（hopeful thinking）和梦想思维（wishful thinking）比逻辑思维更常见，因为这些思维方式更容易、更贴近人的自然本质。大部分人宁愿相信某些事情是真实的，因为他们感觉是真实的、希望是真实的甚至梦想是真实的，而不愿否定自己的情绪，接受否定他们信念这样一个现实。

通常采用逻辑推理需要与个人愿望做斗争，因为逻辑思维常常强迫人们去否定自己的情绪并面对现实，这是一个痛苦的过程。但必须永远记住：情绪不是证据，感觉不是事实，主观观念不是客观真实。所有科学家和辩证思维者都是在正规教育背景下学会如何进行逻辑思维的。有些人通过自己琢磨逻辑思维，但这种方法浪费时间，而且效率不高，常常不成功，甚至很痛苦。

学习逻辑思维最有效的方法是在哲学课程、数学课程及科学课程学习中，强迫自己采用逻辑思维，阅读伟大的经典文学作品，学习历史并且经常练习写作。阅读、写作，学习数学及科学是人们学习逻辑思维的传统方法。最理想的方法是多练习写作，并让具有辩证思维的人（通常是大学教授及有经验的科研人员）帮助修改。现代社会，大部分人从不进行逻辑思维，从不挑战且总是接受许多没有逻辑的辩论和表述，结果造成社会的负面效应甚至悲剧，因为大部分人不能正确地认识自己。

（3）质疑主义　永远采取质疑的态度　科学与辩证思维的关键思想是质疑主义，

即永远质疑自己的观点和结论。真正的科学家和辩证思维者总是不断检查其观点的证据、命题和原因。自我欺骗和被他人欺骗是人生两个最大的失败。自我欺骗通常不能自我认识，因为大部分人都倾向欺骗自己。避免这两个悲剧的唯一方法是不断检查所坚持的观点的依据。必须检查所掌握的或他人提供的信息的真实性和可靠性。检验观点正确性的一种方法是通过预测所持观点的结果或逻辑输出以及根据该观点所采取的行动来将该观点与客观现实做比对。如果该观点得到的结果与客观现实吻合（即得到实验证据），可以得出该观点是可靠知识（即该观点的正确性具有很高的概率）。

很多人认为持质疑态度的人是思想封闭且一旦拥有可靠知识拒绝改变思想的人，其实刚好相反。质疑主义者只是暂时坚持观点，而且对新的证据和逻辑推论持开放态度。质疑主义者愿意改变自己的想法，前提是基于新的证据和可靠原因。质疑主义者思想开放，但拒绝在没有充分证据和原因的情况下相信所考察的对象。科学思维对新的思想同样采取质疑态度：完美的观点需要完美的证据。人们每天都会面对有关自然的完美、奇妙及夸张的观点，如果不想盲从这些伪科学及超自然的观点，必须掌握识别真伪的方法，这种方法就是采用辩证思维的科学方法。

质疑态度有时也需要暂时保留，特别是在产品创造过程中的集思广益阶段，为了获得尽可能多的概念或方案，需要对同行或队友提出的方案持开放的态度。

2. 解决问题的实用科学方法

科学方法是一个复杂的主题，很多书籍对其有详细的介绍和论述。这里，将简要介绍如何在实际工作和生活中应用科学方法。基于科学思维与辩证思维的常用科学方法，可按以下步骤进行：

（1）确定研究课题　首先必须提出一个问题或发现一个有意义的研究课题。这是所有为获取知识而付出努力的起点。这里也是最容易被情绪及外部因素干扰的阶段。例如，所有科学工作者都对自然现象和规律很感兴趣，他们具有这样的性格特征，对艰巨、枯燥的科研工作具有持久的动力，并且能一直保持旺盛的精力。当然，干扰性的情绪如激动、野心、愤怒、不公平感、幸福感等对他们也会有不同程度的影响，但他们不会让他们的情绪左右其科研工作及发表客观结论，因为科学方法会避免让他们犯违背客观事实的错误。

在此阶段，很多外部因素也会对研究课题及解决问题的方案产生影响。文化、社会、政治及经济因素不仅会影响科学工作者对需要攻克的一个或多个问题的选择，还会影响其在不同问题上需要投入的时间和资源的规划。因为，科学工作者所处的理论环境会影响他们对自然的理解；所处的社会与经济环境通常会决定哪些科研项目会得到资助，以及哪些项目不会得到资助；而所处的政治环境通常会决定哪些项目是允许进行的和不允许进行的，以及哪些项目可以得到嘉奖。

此外，非科学的情绪因素也会导致不同的选题结果。科学工作者可能会因痛恨环境污染而对污染物对环境的影响进行研究；而一些科学工作者可能会研究吸烟对人体的影响。

需要强调的是，无论如何选题，上述这些非科学的、情绪及文化的影响并不会降低其研究结果的最终可靠性和客观性，因为，采用科学方法最终会消除这些外部干扰，获得可靠和客观的研究结论。

（2）调研　科学方法的第二步是围绕第一步确定的研究课题，收集有关信息并进行调研。调研工作最便利的选择是去图书馆收集资料或基于自己以往的科研经验进行分析研究。这些调研资料必须来自基于实验的信息，即必须是可感知、可度量、可重复的。进行科学调研和观察往往需要勤奋和天赋，此外，掌握收集科学数据的方法和技术还需要经过大量的培训。对于投资大、风险高的研究课题，调研工作甚至还包括一些探索性预研和试验。

（3）提出科学假设　基于前两步工作，可以着手探索解决问题的方案，科学上，把这种解决方案或答案称为科学假设，该科学假设必须按照可测试的方式进行表述或展示。科学假设是对科学问题的有内容、可测试及预想的解决方案，它可以解释一个自然现象、过程或事件。基于科学中的辩证思维，提出的解决方案或答案必须经得起反复测试，否则对进一步的探索和研究毫无价值。很多没有辩证思维能力的人，通常止步于此，满足于获得的初步答案或解决方案。这种缺乏质疑主义的态度是获取可靠知识的最大障碍。当然，这些初步答案或解决方案中会有一些成功的机会，但大部分是不可靠的甚至是错误的，因此，必须进一步研究已确定这些方案的正确性。

（4）验证　初步的解决方案或科学假设必须经过检验才能获得论据及正确性证据。有两种方法可以进行科学假设的检验。最常用的方法是通过实验或试验，科学教科书中通常会将这种方法作为唯一测试假设的途径加以介绍，但稍微思考一下就会发现自然界很多问题不可能通过实验方法进行验证，如关于行星、银河系、山脉的形成，太阳系的形成，人类的进化等都无法进行直接实验验证。另一种检验科学假设的方法是做进一步观察或观测。每一种科学设想都会有结果并且会对所研究的现象或过程进行一定的预测。采用逻辑及事实证据，可以通过考察预测的正确程度来检验科学假设，即在新数据、新模式及进一步理解的情况下，科学假设预测与实际结果的吻合程度。科学假设的可检验性或预测性是其最重要的特征。只有涉及自然的过程、事件及规律的假设才能被验证。超自然的事物是不能被验证的，所以，它是科学范畴之外的现象，存在与否与科学无关。

（5）判断　如果一个假设通过验证发现是错误的或不准确的，就必须舍弃或进行修正。科学工作者一般不会轻易抛弃一个已经投入大量时间和精力且认为是正确的科学信念，因此，通常会对大部分假设进行修正。当然，一个修正的假设必须再进行检验。如果一个假设通过了进一步的验证，它就是一个具有实验证据的假设，这时就可以作为学术论文公开发表。具有实验证据的假设是通过实验证明其预测是正确的假设。这时，其他的科学工作者会来检验该假设，如果后续的实验提供了进一步的佐证数据，这个假设就会成为可靠的知识。

科学工作者在涉及科学假设时会慎用"证实"（proved）一词（事实上在日常生活中这是个流行用语），而通常使用"验证"（corroborated）一词。被充分验证的科学假设就成为科学事实。它是人类关于宇宙的最接近"真理"的可靠知识。这里用双引号标出真理是因为人类社会存在多种"真理"，如哲学真理等。虽然不能确认科学"真理"是人类的唯一真理，但应该是人类可以拥有的关于自然界的最好的真理。

人类已经探明的科学事实有：重力（万有引力），生物进化，大陆漂移及地面运动等。许多科学事实与人的常识、古代哲学相悖，因此很多人会固执地否认科学事实。在人类的许多思想、哲学以及其他知识体系中，同样号称拥有关于自然的真实知识，有些甚至号称他们的"事实"绝对正确，而科学从来不会如此声称某事绝对正确。但是，这些体系中的"事实"不是可靠知识，因为，即使它们可能是正确的，也无法用可靠的方法进行验证。即使这些不可靠的"事实"是真实的（不必坚持所有这类知识都是错误的），但永远无法像对待科学事实一样确定它们是真实的。

（6）得出结论　科学方法的最后一步是构建、支持及质疑一项科学理论。人们通常会将一个猜想、预测及建议定义为"理论"，但这不是科学理论。科学理论是基于充分验证过的假设对基本自然过程或现象所做的统一、一致的解释。因此，一项理论由可靠知识或科学事实构成，其目的是对重要自然过程或现象进行解释。科学理论解释自然，它们将许多曾经是不关联的事实或验证过的假设统一起来，对宇宙、自然和生命的形成、机理、过程及未来进行最真实、最合理的解释。因为，人类本身作为生命载体属于宇宙的一部分，科学将解释所有这些涉及人们自身的万物。

相对论、固体力学、热力学、进化论、基因、大陆漂移等科学理论是人类拥有的最可靠、最准确、最全面的知识。因此，每个受到教育的人都应该理解科学知识的来源，并且学习获取这些知识的方法。科学知识来源于科学思维活动以及科学方法的应用，其发现和验证科学知识的方式应该可以被任何进行辩证思维的人重复和实现。

2.4.2　横向思维

创造性通常来自于新颖方式所产生的新想法。科学方法中的逻辑思维通常沿着思路往前推进，因此可以说它是"纵向的"，而横向（侧向的、发散的）思维通常可以催生全新的想法或改变整个参照系统。纵向思维通过直接面对的方式克服困难或障碍，而横向思维则考虑通过完全不同的方式绕过困难或障碍。横向思维由英国心理学家爱德华·德·波诺（Edward de Bono）博士（图 2-6）在其 1970 年出版的《横向思维》一书中首次提出，他对横向思维做了系统的研究和定义，并提出了许多进行横向思维的方法。

所有学科都是围绕自然世界展开的，这些学科或领域是彼此关联的，因此处于一个学科中的研究人员，如果尝试从别的学科甚至领域寻求解决方案，也就是进行所谓的"发散思维或横向思维"，往往可以突破本学科

图 2-6　爱德华·德·波诺

的思维定式，获得所研究课题或问题全新的解决方案或解释。横向思维是解决技术难题或进行管理创新、产品创新的最基本的思维方式之一，其应用实例不胜枚举。最典型的案例是两百多年前的奥地利医生奥恩布鲁格（Auenbrugger, Joseph Leopold, 1722—1809），他在面对如何检查人体胸腔积水时，据说借鉴了其父亲经营酒业的经验。基于他在父亲酒店的工作经历，他想起父亲在经营酒业时，只要用手敲一敲酒桶，凭借叩击

声，就能知道桶内有多少酒。奥恩布鲁格还是一位很有天赋的音乐爱好者，对声音的敏感性，让他联想到人的胸腔和酒桶相似，如果用手敲一敲胸腔，凭声音，是不是也能确定胸腔中的积水？"叩诊"的方法就这样诞生了。古代中国鲁班由茅草的细齿拉破手指而发明了木工锯；威尔逊基于大雾中抛石子的现象，设计了探测基本粒子运动的云雾器；格拉塞基于啤酒冒泡的现象，提出了气泡室的设想，上述古今中外事例说明，从其他领域借鉴或受启发是创新发明的一条非常有效的途径。

横向思维的极致案例，就是"用非所学"。一些人会在自己受教育及培养的领域之外，发挥自己的天赋。例如，美国画家莫尔斯（Samuel Finley Breese Morse，1791—1872）发明了电报，学医的鲁迅、郭沫若却成为文学、史学领域的"大师"。

横向思维从职业的角度就是指跳出本专业、本行业的范围，摆脱习惯性思维，通常会提出非常规的解决方案，它主要有以下几种思维表现方式：

1）侧视其他方向，将注意力从所从事或关注的领域，引向其他更广阔的领域。

2）将其他领域已成熟的、较好的技术方法、原理等直接移植到所从事或关注的领域，或将其他领域问题的解决方案加以利用。

3）从其他领域事物的特征、属性、机理中得到启发，改变对原来思考问题的思维模式，并获得新颖想法。

横向思维是工程创新中的重要源泉之一。如为了减少摩擦，人们一直在不断地设法改进轴承。但从机械设计的思路无非是改变滚珠形状、轴承结构或润滑剂等，这些都很难带来大的突破。后来，有人把视野转到其他方向，想到高压空气可以使气垫船漂浮，相同磁性材料会相互排斥并保持一定的距离等。于是，将这些设想引入到轴承设计中，发明了不用滚珠和润滑剂，只需向轴套中注入高压空气，使旋转轴呈悬浮状的空气轴承，或用磁性材料制成的磁性轴承。

2.4.3 工程思维

事实上，从人们儿时拼装玩具的娱乐开始，工程思维能力就得到锻炼和发展。工程思维涉及人们改造世界的活动，为了改善人们的生活，工程思维应用人们所掌握的或观察到的事物、技术及方法去想象和重建世界。通常将工程思维与创造性活动相联系，工程思维涉及寻求多约束问题的合理解决方案。尽管人们没有完全理解创造性思维和过程，但还是可以对创造的方法和思路进行一些探讨。从思维的角度，人类大致可以分为三种类型：有条理思维者、无条理思维者和创造性思维者。如果告诉这三种人制造太阳能薄膜电池的工艺方法，即"制造太阳能薄膜电池需要材料科学与工程、电子工程、机械工程及电气工程信息"，这三种人存储该信息的可能模式会如图2-7～图2-9所示。

有条理思维者的头脑分区明确，信息存储在特定的地方，当需要时可迅速回忆起来。太阳能薄膜电池的信息存储在"光电薄膜制备"这个区，因为太阳能薄膜电池属于光电薄膜制备工程。

无条理思维者则不同，尽管信息可能存储在多个地方，但其头脑过于混乱，以至于当需要时很难回忆起这些信息。无条理思维者在回忆太阳能薄膜电池的信息时不知道该去"哪个区"寻找。

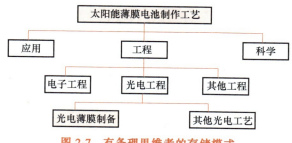

图 2-7 有条理思维者的存储模式

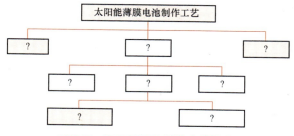

图 2-8 无条理思维者的存储模式

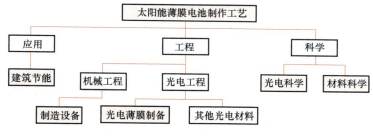

图 2-9 创造性思维者的存储模式

　　创造性思维者是有条理思考者和无条理思维者的综合。创造性的头脑是组织有序的，但信息存储在多个地方，所以在需要信息时找到的可能性更大。创造性思维者在学习时试图将很多信息联系起来，将信息存储在多个地方并以多种方式加以联系。仍以太阳能薄膜电池为例，创造性思维者可能将信息存储在"光电薄膜制备"及"制造设备"（生产过程都需要设备）区，还有可能存储在"光电科学"这个区，这些都是有条理的，但还会存储在"材料科学"这个区（因为光电薄膜制备一定会涉及材料问题），甚至"建筑节能"区（因为绿色建筑需要充分利用太阳能，而太阳能薄膜电池可以为建筑提供绿色能源）。从创造性思维者的存储模式可以看出，联想与扩散思维是其主要存储特征。

　　当工程师试图解决问题时，会同时在有意识和潜意识两种层面付出努力（图 2-10）。首先根据掌握的知识，潜意识地搜索有关待解决问题的定性模型。只要没找到解决方案，大脑潜意识就一直搜索自己的知识数据库。这里，可以看到创造性思维者的优势。创造性思维者将信息存储在多个地方，并以多种有用的方式联系起来，这样

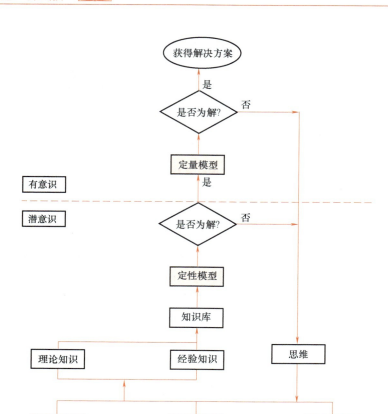

图 2-10 求解问题的思维方法

找到定性模型解决方案的可能性就增大了。当潜意识下找到解决方案时,工作进入有意识阶段。每个人都会有类似的经历,例如,人们上床睡觉时头脑中还有一个未解决的问题,当人们醒来时,解决方案有时会突然出现在大脑中。实际上,这说明人们在睡觉时仍在下意识地解决问题。对工程师而言,来自潜意识的方案一般是潜在的解决方案,直到潜在方案经定量模型分析之后才能找到切实可行的方案。如果方案经过分析和验证是可行的,那就有理由庆祝解决了问题。

迄今为止,人们所受的大部分教育和训练都集中在分析技能上(如何解题),事实上分析只是解决问题的第一个步骤。通过接受教育培训,人们的潜意识得到训练,这些训练让人们较容易找到问题的潜在答案(如给出一道数学题,人们会给出多种解决方法)。需要指出的是,工程潜意识的培养比前述潜意识的获得要困难很多。人们对数字的敏感来自于传统的教学过程,但一个优秀的工程师还需要对工艺过程有"感觉",这种感觉来自丰富的工程经验知识。工程实践中经常需要在不使用数学公式的情况下就能得到答案,这种能力的达成需要经过工程实际的反复磨炼。

尽管人们现在还不能对工程师创造性思维进行透彻的分析,因为"工程判断力、创造力"即基于经验和直觉对设计进行合理判断和创造的能力,是很难用一系列原则进行归纳的。然而,无论从学术的角度还是从培养工程师的角度,都应该了解工程判断力及创造过程，并且掌握如何应用所学科学知识和技能解决工程实际问题的思路和方法。

2.4.4 工程与其他学科的联系与区别

工程师应用自然科学及数学解决问题。因此工程与这些学科的联系是显而易见的。如材料科学与工程的关系如图2-11所示。材料科学探索物质结构，材料工程为满足产品工作性能要求改进、合成甚至创造新型材料。

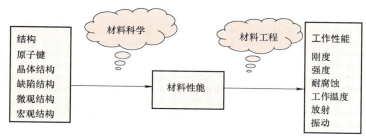

图2-11 材料科学与工程

然而，从工程思维与交流的角度，工程对科学与数学的依赖纯属偶然，而非不可或缺，事实上历史上很多工程成就早在现代数学和科学发展之前就已经实现。例如，人类在理解物质结构（材料科学）之前就尝试用淬火的工艺提升铁器的硬度（材料工程）。与科学及数学相比，工程目标（解决问题）及其解决方法（推断和类比）与医学及美学更靠近。其论述方法（证明类比正确性的工程语言）又与法学甚至经济学更接近。包括工程在内的三种思维方式见表2-1。尽管这种分类是粗略的，但有助于了解和认识工程、人文及科学之间的关系。

表2-1 工程与科学等的区别

领域	目标	方法	成功的证据
科学	解释	观察、假说及实验	假设或设想应该是可被重复检验的
人文	解释	收集、评判及综合	解释是连贯的并具有启发性
工程	求解	定义、设计及验证	通过分析与类比，确定方案是最优的

工程与完全依赖类比推理的学科不一样。对于医学和法学，很容易定义成功。而对工程则很难，工程一开始就需要明确解决方案是什么，如何进行度量。像"我怎么知道我成功了？"这样的判断问题是设计的第一步，然后，需要揭示客户需求，预设前提，确定约束及价值。确定准则需要进行系统分析，即采用类比与推理。

2.4.5 工程中的科学问题

在涉及人类需求的工程产品开发过程中，不可避免会遇到一些技术难题或瓶颈问题。这些技术难题或瓶颈问题往往又需要解决一些相关的基础科学问题，面向这些基础科学问题的探索，通常称之为应用基础研究。最通俗的案例就是工程产品中的摩擦学问题。摩擦学本身是一个科学问题，它研究物体之间的摩擦效应、机理及规律。不同物体

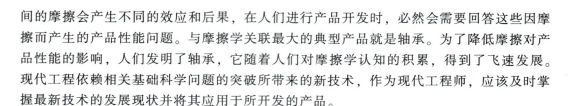

间的摩擦会产生不同的效应和后果，在人们进行产品开发时，必然会需要回答这些因摩擦而产生的产品性能问题。与摩擦学关联最大的典型产品就是轴承。为了降低摩擦对产品性能的影响，人们发明了轴承，它随着人们对摩擦学认知的积累，得到了飞速发展。现代工程依赖相关基础科学问题的突破所带来的新技术，作为现代工程师，应该及时掌握最新技术的发展现状并将其应用于所开发的产品。

2.5　工程问题的求解策略

工程师需要面对人类及社会的发展需求提出可靠的、经济的解决方案，针对这些需求，可以把它们分为简单问题与复合问题来考虑解决方案。

1. 简单问题

对于简单问题，评价准则和约束性质上都是相似的。有些从计算的角度来看是艰难的问题，根据该定义，也还是简单问题。例如，著名的旅行销售员问题（the traveling salesman problem）涉及访问诸多城市的最短路径问题，从计算的角度看非常艰巨，但由于它只有一个准则（距离），所以它是一个简单问题。因此，从问题的视角出发，很多工程优化问题是简单问题。如设计一个采用最少元件的、能满足技术要求的电路就是一个简单问题，因为，总是可以从两个方案中选择较佳的一种方案。

解决简单问题的思路是基于知识的推理。工程师解决此类问题时，会更像数学家一样思维（科学家基本上是基于事实归纳一般原则的思维方式，即归纳性思维方式）。但这仅仅是某种程度的相似，如在数学的许多分支，并不需要优化。对于数学家而言，获得或发现推理答案、结论或证据就是胜利。而工程师则不能满足于现实证据或答案，工程师需要系统的、优化的解决方案。即便在解决简单问题时，工程师仍需要寻找各种可能解决方案，而且需要证明其最终的解决方案是最优的。

工程中的简单问题可以通过推理的方法加以解决，所以，可以按传统的、常规教学方式（即传授科学理论的教学方式）进行传授，学生可以按照老师教导的方法去解决问题。这时，相应的方法、理论、应用及技巧可以以严谨的课堂教学方式加以传授。需要注意的是大部分工科教学过程中演示式的教学案例只能用于验证工程问题中的概念或理论，从而帮助人们理解并掌握这些概念或理论。工程学中的基本原理通常被归纳为许多基础课程和专业课程，这些课程往往专注于基础理论或技术（如力学、电学、传热学及工程热力学等），属于工程师的入门级课程。为便于教学，这些课程通常经过了归纳和提炼，课程知识或教学内容主要通过演绎解决简单问题的过程加以传授，而课程中的习题或问题无论其解决方案如何复杂，都还属于简单问题。所以，大部分学生在工作以后感觉这些课程知识无法直接应用于所面临的实际工程问题，这是因为工程实际问题大多为复合问题，实际工作中需要将这些课程的知识联系起来进行求解。作为未来的工程师，在大学期间不仅要掌握这些基础知识，更重要的是要学习并掌握求解复合工程问题的方法。

2. 复合问题

工程问题一般为多约束的复合问题（complex problem），这种多约束与复合的状态，使得工程问题无法直接采用基于数学及定量模型的推理加以求解。这是因为复合问题的评价指标具有不相似的甚至是相互矛盾的特性。如工程工作需要对功能、可靠性、成本、安全性、使用寿命及外观等进行综合考虑，其中成本几乎跟所有其他约束相矛盾。工程中的复合问题通常没有确定的解法，这也是工程师所面临的最大挑战。

类比法是解决工程复合问题的传统方法。所谓类比就是通过参考以前的工作，发现相似性和不同点，并与当前问题进行关联。在很多情况下，关联会使解决问题变得简单、直接，但在某些情况下，尤其在系统工程中，关联可能涉及两个完全不同的领域。对相似性做出判断的能力，特别是在对不同准则的参数值进行平衡时，是工程判断能力的核心。辩证思维的科学知识或技术课程可以让人们避免出现推理（包括类比推理）的错误（即发生计算错误或逻辑错误），但却很少告诉人们如何有效利用类比方法进行推理和演绎。因此，人们在学习工程知识的同时，更需要加强类比方法的学习和练习。可以从两个方面进行学习和练习：一方面学习如何进行类比思维，另一方面就某一特定工程主题进行基于案例分析的学习。学习使用有效、可靠的类比推理，是工程课程中的重要组织部分。工程学科本身就是基于类比推理，在学习新的工程学科时，往往需要对过去的各种案例进行研究。实践案例承担着比以往理论案例更重要的基础作用，它们不仅仅解释概念，而其自身就是工程概念的一部分。

除了前述的类比法外，工程实践中求解复合问题还常常采用以下策略：

策略一：舍弃或搁置不能测量的准则或标准（criteria）。

策略二：基于现实情况，表述准则或标准的相对值，然后尝试将复合问题转换成简单问题。

策略三：将问题分解为可以单独解决的简单问题。

人们有时不得不执行第一策略。例如，人们无法对产品的美学进行度量。然而，如果美学准则被舍弃了，有必要建立明确的"丑陋"限度，也可以暂时搁置美学问题，在产品开发后期与工业设计师一同解决产品美学问题。如何处理明确却不可测量的准则或指标，也是工程工作的重要部分。

策略二也很重要。成本效益分析一般采用流通货币作为约束及准则。当工程师进行这项工作时，对于某一特征值，他们需要像经济学家一样回答相同的经济（及哲学的）问题。然而，工程师需要面对各种性质不同的约束及其联系。人们通常需要在速度与精度、速度与尺寸之间进行取舍以寻求平衡与优化。当工程师决定一项取舍时，需要对某一相对值进行判断并做出相应的解释。

策略三是可以被广泛采用的方法。几乎所有的工程实际问题都会被分解为子问题，这些子问题几乎完全可以逐个、单独地得到解决。这时需要在寻求子问题的解决方案中，考虑约束问题和子问题的相互接口方式，从而获得问题的总体解决方案。因此工程问题的分解是方案设计非常关键的一步。常用的分解方法有基于功能、结构特征、实现技术以及客户需求的分解。

2.5.1 基于功能的分解

基于功能的分解是目前广泛采用的、行之有效的工程问题分解方法。一般采用树状结构进行分解，而树状结构中节点对应的各子功能还可以进一步分解。

　　自行车是个伟大的发明，它让人类依赖自己的能量获得了前所未有的行驶速度与行程。从功能分解的角度，自行车可以分解为动力源（人力）、传动（链）、控制（人脑）及执行器（车轮），如图 2-12 所示。

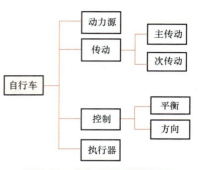

图 2-12　自行车的功能分解

　　事实上，大部分机电产品的功能分解都可以得到与自行车同样的结果。如汽车、飞机、轮船、工业机器人以及机床等的子功能都可以分解为动力源、传动、控制及工作机子功能模块。

　　功能分解的目的是描述产品的功能需求，尽量避免涉及技术解决方案，因为过早涉及定义解决方案会忽略一些功能要素或屏蔽了其他潜在的理想方案，从而增加产品开发的风险。在自行车功能划分模块中，没有涉及任何解决方案，有利于自行车的创新方案的产生，避免让现有的自行车解决方案约束整个创新过程的思维活动。

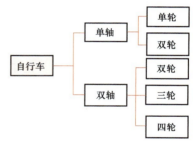

图 2-13　自行车按结构特征的分解

2.5.2　基于结构特征的分解

　　自行车按照转轴结构特征可以分解为单轴、双轴（图 2-13）。单轴车又可以进一步分解为单轮车（图 2-14）和双轮车（图 2-15）。双轴车又可以进一步分解为双轮、三轮甚至四轮车。

图 2-14　单轮车

图 2-15　单轴双轮车

2.5.3　基于实现技术的分解

　　基于实现技术的分解理论上已经划定了解决问题的技术范围，所以也可以直接纳入方案设计阶段。由于技术的飞速发展，有时按照产品的实现技术划分子问题也是很有效的途径。

自行车的运动平衡控制方式可以有人工和自动控制方式，而一般机电产品自动化功能的实现，可以分解为机械方式和电气方式。

基于实现技术的分解实际上就是对现有技术的归纳和梳理，从而可以获得问题的解决方案。即使是同一产品，其实现技术的分解也可以有很多不同的分解方法。例如，汽车按照动力源技术，可以划分为燃料驱动、电力驱动及混合动力驱动（图 2-16），按照驾驶技术又可以分为有人及无人驾驶。

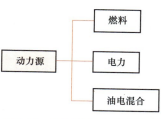

图 2-16　基于实现技术的分解

2.5.4　基于客户需求的分解

客户需求往往是产品开发的核心（详见第 7 章），因此，基于客户需求的子问题划分也是常用的分解方式。子问题还可以基于客户的需求，进一步分解为主要需求、次要需求。如自行车按照客户需求的分解可以分解为家用车、赛车、山地车及童车（图 2-17）。

通常在产品子问题划分之前，需要首先就产品进行客户需求分析。尽管客户需求分析一般是企业市场部的工作，但作为研发工程师需要理解并掌握真实客户需求，这样，所选择的方案才有充分的市场竞争力。

图 2-17　自行车按照客户需求的分解

2.5.5　子问题的划分要点

子问题的划分最终目的是找到问题的有效解决方案。同一工程问题存在多种子问题的划分方式，各种划分都能表述问题的不同特征，划分方法本身没有优劣之分。在寻求解决方案的初期阶段，应该尝试多种划分方法，也可以考虑混合划分，如主问题按照功能划分，子问题按照技术和/或客户需求划分，从而可以拓展思路，获得更多的解决方案。如果方案设计阶段没有获得满意的解决方案，则有必要重新评估问题的分解方案，重新进行划分。

2.5.6　关键子问题及其约束的识别

关键子问题往往是产品能否成功研发的关键，它一般与以下因素有关：
1）主功能。
2）关键原理。
3）客户的核心需求。
4）工艺实现方案。
5）新技术的整合。
6）关键结构。

单轮车（图 2-14）的关键子问题是平衡问题，如何保证车体在运动过程中保持平稳而不会发生翻转是单轮车的关键问题。再如新能源汽车的电池技术就是关键子问题。

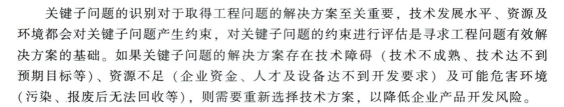

关键子问题的识别对于取得工程问题的解决方案至关重要，技术发展水平、资源及环境都会对关键子问题产生约束，对关键子问题的约束进行评估是寻求工程问题有效解决方案的基础。如果关键子问题的解决方案存在技术障碍（技术不成熟、技术达不到预期目标等）、资源不足（企业资金、人才及设备达不到开发要求）及可能危害环境（污染、报废后无法回收等），则需要重新选择技术方案，以降低企业产品开发风险。

2.5.7　子问题的接口方式及全局优化问题

各子问题间的接口方式一般可以分为模块化和集成化两种方式（详见第 8 章详细设计）。模块化的子问题的相互影响程度低，接口直观，容易定位。各子问题的目标明确，可以单独求解，比较方便获得全局优化。

集成化的接口方式相互影响程度高（呈现你中有我、我中有你的特征），接口不直观，难定位，各子问题单独求解时，需要考虑相互之间的约束，难以确定全局最优解。然而，集成化设计是现代产品的发展趋势（紧凑、轻量化的需求），这也是工程师面临的挑战。

讨论　工程问题一般是复合问题。由于约束的不确定性及冲突，很难按照逻辑推理的方式获得解决方案。如何提升解决复合工程问题的能力是工程师面临的终身挑战。学生在大学期间及后续工程实践中，基于项目的学习和实践，是掌握工程复合问题求解方法的有效途径。在基于项目的学习和实践过程中，可以运用已经学到的工程和科学的基本原理，通过项目设计、制作，将学到的多学科知识（很多情况下，需要学习项目面临的新技术及知识）从系统的角度进行整合与集成，达到锻炼工程思维、提升解决复合问题能力的目的。

2.6　小结

科学与工程的关系，类似分析与综合的关系。科学通过分析自然，掌握自然规律，而工程则综合应用这些科学规律，通过创造产品来解决人类或自然界面临的问题。科学是分析、发现，工程是综合、创造。

科学思维是全面的、严谨的思维方式，科学思维在理论和实践上是一致的，它是给人们带来可靠知识的方法。工程问题涉及不同性质约束的交互问题，因此，工程思维涉及寻求多约束问题的合理解决方案，工程思维需要基于严谨的科学思维，更需要发散的创造性思维。工程问题通常是复合问题。

简单问题可以通过推理法解决，复合问题需要通过分解、类比法解决。

习题与思考题

2-1　什么是科学及科学思维？

2-2　什么是基础研究？基础研究的目标是什么？

2-3　什么是技术开发？技术开发的目标是什么？

2-4　什么是产品开发？产品开发的目标是什么？

2-5　什么是工程及工程思维？

2-6　简述科学与工程的关系。

2-7　举例说明科学为何是工程的基础。

2-8　举例说明工程如何辅助科学探索。

2-9　什么是复合问题？如何求解？

2-10　尝试对课程项目涉及的复合问题进行分解。

第 3 章

工程与工程师

本章学习目标 ▐▐▐

1. 能够认识和理解工程师的工作及职业发展路径。
2. 能够认识和理解工程科学家、技术专家及工程师的工作性质及相互关系。
3. 能够认识和理解工程传统学科的技术内容。
4. 能够认识和理解新工科的学习要点。
5. 能够认识和理解现代工程教育和学习模式，并能够及时调整以适应工科学习方式。
6. 能够理解工程教育与创造力的关系。

3.1 工程师的定义

在某种程度上，所有人都具有工程师的天赋。例如，小时候通过积木玩具，学习搭建各种结构组合就是在做工程工作；进行房屋建造或室内装修也是每个家庭经常面对的工程工作。从历史上看"工程师（engineer）"这个词来源于"器械（engine）"和"独创性（ingenious）"，而这两个词都来自拉丁语"generare"，意思是创造。根据"engineer"这个词的历史根源，可以将工程师定义为创造性地解决问题的人。在早期的英语中，"engine"是个动词，意思是发明或创造。"engineer"这个单词可追溯到大约公元200年，当时德尔图良（Tertullian）描述了罗马进攻迦太基的战争，罗马人在这场战争中动用了破城槌（德尔图良称之为 ingenium），这在当时是一个具有独创性的发明。后来，大约公元1200年，专门从事战争用具（破城槌、浮桥、突击塔、石弩等）开发的人都被授予"ingeniator"的称号。在16世纪初，随着"engine"这个词义的拓展，工程师又被认为是制造器械的人。现在，把制造器械的人定义为机械工程师，而泛指的工程师则定义为"运用科学、数学和经济学知识满足人类需求的人"。牛津英文词典则将工程师定义为构思、设计或发明的人，是作者、设计者、发明者及绘图者。

实用性知识是区分科学家、技术专家和工程师的关键，因为三者都是科学和数学方面的佼佼者。然而，必须认识到科学家和工程师在方法学方面存在区别。科学家和工程师的目标是不一样的（详见第 2 章）。科学家主要研究"是什么"，这可以通过正规教育获得的严谨的科学方法加以解决。而工程师研究"如何实现"。技术专家可以是掌握某项技术能力的工程师，如机械设计师、电工技术专家、有限元分析师等，也可以是工程科学家，如人机工学专家、工程力学专家等。因此，技术专家可以是面向工程实际问题的工程师，也可以是进行应用科学研究的科学家。惠灵顿（A. M. Wellington，1847—1895）把工程描述成"做东西的艺术"，强调工程师的实用性，他认为工程师应该能"做出东西"。如前所述，工程问题一般都是复杂的复合问题，它通常会面对许多约束，存在很多潜在的解决方案，但其中只有少数是合理且可行的方案。工程师虽然拥有很多理论知识和方法，其中一些可以广泛地加以应用，但却无法保证使用这些理论知识和方法就一定能寻找到合理、可行的解决方案，工程技术知识的这种不确定性使得它比常规科学知识更难掌握，往往需要长期甚至终生的积累。此外，随着技术的发展，工程师在产品开发过程中不可避免地会碰到很多新的技术问题和瓶颈，这时工程师不仅需要自己学习新技术，还需要得到拥有这些专门技术和知识的技术专家的合作与支持。

3.2　工程师的工作

虽然工程师不是独自面对技术、社会及价值问题，但工程师拥有特别的责任。他们在解决简单问题及复合问题方面得到充分的培训之后，会拥有专门技术和技能。经过求解不同性质约束问题的培训，工程师拥有解决实际问题（如成本必须进行平衡，而且有时某个相对值还是模糊的）的工具和经验。

对工程师工作的本质概念就是对给定问题，探索发现并验证获得的解决方案为最佳，并能对之进行解释。在工程专业术语中，"最佳"对于不同问题，可以有两种解释。对于简单问题，最佳答案可以通过数学分析或类似的推理分析获得，而对于复合问题，则不可能基于分析法获得最佳解决方案，这时的"最佳"是基于判断而获得的最合理的平衡。而这种合理的判断，则来自于工程思维（详见第 2 章）。工程师的工作体现在以下几个方面：

1）应用科学知识和数学分析方法，采用抽象或物理模型，展示、诠释其产品。

2）面对实际问题或需求，依据标准或约束，寻求最好的（优化的）解决方案。

3）在工程活动中，应用成熟原理和方法，结合现有解决方案，并且采用可靠的零部件和工具，进行产品设计和制造。

3.3　工程技术的传统学科

尽管技术工作和工程工作存在较大的区别（详见 2.3 节），但这两项工作所需要的科学基础知识和技能却非常相似，由这些科学基础知识和技能组成的课程体系，逐步形成了现代大学的工科专业。在大学学习工科就是为将来从事科学研究（工科的科学研究更聚集工程技术中涉及的基础科学问题）、技术开发、工程产品设计与开发做准备。因此，作为工科学生，未来可以根据个人的兴趣和爱好，成为工程科学家、技术专家及工程师。

历史上，由于技术人才的稀缺性，工程师在技术上必须是多面手，他需要解决产品设计与开发所面临的所有技术问题。19世纪之前的工程师应该集土木工程、电气工程及机械工程技能于一身，即他应该掌握土木工程技术、电气技术及机械技术的专门知识与方法。自20世纪开始，由于技术爆炸式的发展，作为独立个体，已经无法掌握现代工程所需的全部知识与技能。面对现代工程及其产品的技术特点，不仅要对传统的工程及其技术进行分工，而且还要进一步细化传统工程学科的专门领域，从而诞生了很多现代的工程技术学科，这也就形成了现代工科大学学习的所谓"专业"。

人类的工程文明始于土木工程，其后，机械工程等才逐渐发展起来。所有现代的工程学科都需要大量的物理知识，而化学和材料工程还需要大量的化学知识，最新的一些学科（生物化学工程和生物医学工程）则需要大量的物理、化学和生物知识。这些物理、化学、材料及生物知识来源于科学的探索和发现，因此，这些新颖的现代工程学科无疑是与现代科学技术结合更紧密的交叉学科。本节简要介绍工科专业涉及的传统技术领域、细分领域、交叉领域及所谓新工科的理念。

1. 土木工程

土木工程可追溯到公元前4000—2000年的古代埃及，埃及文化开始于石器时代晚期（大约公元前3400年），古埃及人在很多工程领域取得了非凡成就。埃及金字塔被人们认为是最早的大型土木结构工程（图3-1），现在，人们仍能看到金字塔时代的宏伟建筑，但古代埃及人工程成就并不局限于以金字塔为代表的土木工程，他们还开创了很多其他工程领域。例如，他们的水利工程师改造了尼罗河，促进了农业和商业发展；他们的化学工程师制造了染料、水泥、玻璃、啤酒和白酒；采矿工程师从西奈半岛提炼出了铜，用于制造修建金字塔的青铜器具。印和阗是这个时期的重要人物，他被现代人称为"石砌结构的鼻祖"。印和阗服务于左塞尔法老，他充当牧师、魔术师、物理学家和工程师统领。

图3-1　埃及金字塔

大多数考古学家认为，印和阗在大约公元前2980年设计建造了第一座金字塔，是给左塞尔法老建造的一个阶梯式墓穴。它是当时世界第一高的摩天建筑物，开启了通向真正金字塔的道路。也正因为如此，他变得比左塞尔更有名，被奉为智慧之神。

传统上，土木工程师应该掌握众多技能，如筑墙、造桥以及修路等，土木工程在古代军事工程中也发挥着关键作用。因此，军事、民用项目都离不开土木工程师的参与。古代军事强国罗马帝国在其整个昌盛时期，修建了包括水利、港口、桥梁、大坝和道路等工程。我国在土木工程领域也取得了辉煌的成就。从古代的长城、都江堰，到现代的三峡大坝、苏通大桥等，都是土木工程杰出的案例。如图3-2所示的桥梁是我国历史上和现代土木工程的重要成就之一。

a) 拱形石桥　　　　　　　　　b) 木桥　　　　　　c) 现代钢结构斜拉桥(苏通大桥)

图 3-2　桥梁

随着工程及其技术的发展，英国工程师约翰·斯米顿（John Smeaton）在 1750 年定义了"土木工程师"，并于 1771 年成立了土木工程师协会。

现代土木工程师的职责是完成不同规模的土木建筑项目，如房屋建筑、地下建筑（含矿井建筑）、道路、隧道、桥梁建筑、水电站、港口及近海结构与设施、给水排水和地基处理、废物处理设施、机场等，进行规划、设计、建设、施工、维护管理和研究。

2. 建筑工程

建筑工程师不仅需要拥有土木工程师的知识和能力，还需要从美学的角度负责完成大型建筑的外观设计，不仅需要建筑美学、功能学的知识，而且还要求有结构学、材料学和声学的知识。城市中的建筑（图 3-3）需要综合应用这些知识，才能让人们拥有一个美丽、舒适及健康的城市。

图 3-3　建筑

3. 机械工程

机械工程是将物理学原理和材料科学等应用到机械系统的分析、设计、制造及维护的工程学科。该工程分支涉及机器及工具的设计、生产及运行中的热和机械功率的产生和使用问题。实际上，机械工程与土木工程是同时出现的，因为建造土木工程项目的器械属于机械工程领域。因此，机械工程也是发展最悠久、最广泛的工程学科之一，涉及几乎所有的产品（图 3-4），包括自行车、汽车、内燃机、起重机械、发电厂、航空飞机、热交换器、工业设备、电源设备、普通消费品（打印机、笔）等。机械工程师要求具有力学、运动学、传热学、流体动力学、材料科学、热力学以及其他方面的知识。机械工程师运用这些知识，同时应用如计算机辅助系统、产品生命周期管理系统等工具，进行制造工厂、工业装备及机器、制热与制冷系统、运输系统、飞机、水面运输系统、机器人、医疗器械、武器等的设计与分析。

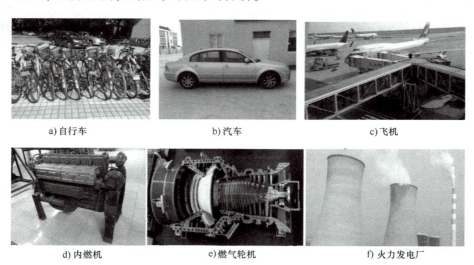

a) 自行车　　　　　　　　b) 汽车　　　　　　　　c) 飞机

d) 内燃机　　　　　　　e) 燃气轮机　　　　　　f) 火力发电厂

图 3-4　机械工程涉及的典型产品

机械工程作为一个工程领域出现于 18 世纪欧洲的工业革命期间，但其发展和土木工程一样，可以追溯到数千年前。工业革命期间（1750—1850），人类发明了很多伟大的机器，如蒸汽机、内燃机、机械织布机、缝纫机等。今天，机械工程领域一直在技术的推动下向前发展，机械工程师在复合材料、机械电子及纳米技术领域进行开发研究。机械工程也与其他工程领域如航空航天工程、海洋工程、建筑工程、土木工程、电气工程、石油工程及化学工程等存在不同程度的交叉。

4. 电气工程

物理学家理解了电以后不久，人们开始思考如何应用电造福人类，这时电气工程师这个职业就诞生了。电在当代社会中主要起到两个重要作用：传递动力和信息。涉及动力传递的电气工程师负责设计和制造发电机、变压器、电动机及其他高功率设备（图3-5）；而涉及信息传递的电气工程师则负责设计和制造收音机、电视机、计算机、天线、仪表、控制器和通信设备等。

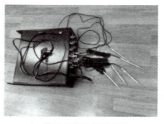

a) 电动机　　　　　　　　　b) 信号采集与处理系统

图 3-5　电气工程产品

电气工程师的工作涉及所有的电子设备和系统。他们负责对几乎所有涉及电的产品进行规划、设计、建设、操作和维护，包括电视、通信设备、计算机、电话、手机、传真机、电子仪器、所有电力机械和音频设备等。

电子设备充斥于现代生活当中。日常生活中，人们依赖很多电子设备，如电视机、电话、计算机、计算器等。这些设备的种类和数量还在不断增加。电气工程是最大的工程学科（电气工程师人数约占所有工程师的 25%），这说明电气工程在现代社会中占据非常重要的位置。

5. 化学工程

中国古代的化学工业一度处于领先地位，早在 11 世纪，内陆省份四川省的工程师就从深井的盐水中提炼出盐。在长达 800 年的时间里，盐产业成为当地经济的主要来源。他们用竹子钻井，用竹管导水，随着技术的发展，井深从 100m 增长到 1000m。早在 16 世纪，四川人就掌握了储存天然气（也来自于井里）的技术，并燃烧天然气来煮盐。

在国外，化学工业自 1880 年起在美国经济中逐步占有重要地位。当时，化学工业雇用机械工程师和工业化学家，显然，化学工业的发展需要具有这两方面知识的化学工程师。于是，1888 年，美国麻省理工学院（MIT）成为第一个授予化学工程学位的高等学校。

化学工程的特征主要表现为单元运行。单元运行是指单台的工艺设备作为一个独立单元运行，如化学反应器、热交换机、泵、压缩机、蒸馏塔等。正如电气工程师用零件（如电阻、电容、电感、电池）组装成电路一样，化学工程师则将各单元设备组合成化工系统。

化学工程师设计用于制造日常用品的大规模工厂（图 3-6）。他们对生产石油产品、生化产品、建筑材料、化肥、高分子材料、化妆品、油和天然气等复杂系统进行规划、设计、建设、运行和维护。化学工程师从原材料（石油、煤、矿石、玉米、树木等）

图 3-6 化工厂

中提炼出产品（汽油、供暖用油、塑料、药物、纸等）。生化工程是近期发展起来的化学工程的子学科。生化工程师将生物过程与传统的化学工程结合起来，生产食品和药物并进行废弃物处理。

6. 工业工程

工业工程（industrial engineering）起源于 19 世纪初期，当时的企业试图采用所谓的"科学管理"方法来提高生产效率。该领域最初的研究工作是从工人做动作的时间着手，希望通过减少制造产品所需的劳动时间来提高生产效率。当代工业工程师则研究人、机器及信息的集成系统，他们将工程和管理连接起来，以提高效益和质量。

最初的工业工程师因擅长设计和运行装配线而出名，他们将人和机器进行优化整合以提高工作效率和产品质量。传统上，工业工程师的工作集中在对制造业生产系统中的人力、资金、信息、知识、厂房、设备、能源、物料和流程等因素进行设计、运行、评估和改进。例如，在精益制造系统中，工业工程师致力于消除在生产过程中对时间、经费、材料、能源以及其他资源的浪费，他们使过程更加有效率（产量更高），产品质量稳定并且更容易制造。近年来更多的工业工程师投入到物流、信息、金融、医疗、服务、研发、国防等众多产业当中，从事系统分析与改进工作，如优化火车和飞机的时刻表，以及优化医院、银行及全球货物派送（供应链管理）服务等。

同大多数工程学科所涉及的非常专业化的应用领域不同，工业工程师能在任何领域发挥作用。事实上，工业工程与运筹学（operations research）和系统工程（systems engineering）已成为一个专注于分析复杂系统并建立抽象模型从而进行改进和优化的学科。与传统工程学科及数理学科不同，这一领域的重点在于研究决策者（人）在复杂系统中的作用。工业工程师在获得工业工程学位之前也往往拥有数学、统计学、自然科学、社会科学、计算机或其他工程学位。工业工程师从系统科学的角度出发，理性化地处理系统中的不确定因素及复杂交互作用，从而解决产业系统中的重大管理问题并优化系统。

然而，工业工程这一名称很容易招致误解。实际上，它最初是被应用于制造业，当时工业工程的命名实际为科学管理，我国也将工业工程列入管理学科，而现代工业工程已超出其原有的范畴。例如，在韩国等国家工业工程被称作产业工程，这更加符合它现在的应用范围。事实上，工业工程已经在其他相关的服务和产业得到广泛的应用，这时，工业工程也往往被称作运作管理（operations management）、系统工程和工程管理等。

此外，人因工程也被认为是工业工程的一个重要分支，人因工程主要涉及产品（如手用工具、飞机座舱等）设计时，如何让人最舒适、最安全等。

7. 航空航天工程

传统上，航空航天工程是机械工程的重要分支之一，随着其技术的发展，已逐步发展为一门独立的工程技术门类。航空航天工程师设计在大气和空间中运行的设备。这是一个多样化而又迅速发展的领域，它涉及四个重大的技术领域：空气动力学（图3-7）、材料和结构、飞行与轨道力学和控制与推进研究。航空航天工程师主要负责设计和制造高性能的飞行器械（如飞机、导弹、宇宙飞船）及推进器（图2-3）。此外，航空航天工程师还会研究建筑物的风力作用、大气污染以及其他的大气现象。

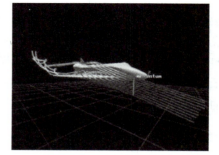

图 3-7　空气动力学仿真[1]

8. 材料工程

材料工程师研究如何获得现代社会所需的材料。材料工程师开发半导体、激光、钢、合金钢、超硬材料（图3-8）、计算机硬盘驱动器中的磁性介质材料等物质的新组分。材料工程还可以进一步细分成以下几个工程技术门类：

（1）地质工程　研究石块、土壤和地质形成，探寻珍稀矿石和石油储备。

（2）采矿工程　提炼矿石，如煤矿、铁矿、锡矿。

（3）石油工程　探寻、生产和运输石油和天然气。

（4）陶瓷工程　生产陶瓷产品（如非金属矿物）。

（5）塑料工程　生产塑料产品。

（6）冶金工程　利用矿石生产金属产品或创造有优异性能的金属合金。

（7）材料科学工程　研究材料性能的基础科学（如强度、耐蚀性、导电性）。

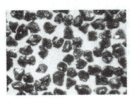

图 3-8　超硬材料及由其制成的刀具

9. 农业工程

农业工程师帮助农民提高粮食和纤维制品的质量和产量。该学科随着收割机的发明而诞生。从那以后，农业工程师开发了大量的其他农用设备（如拖拉机、犁、切碎机），以降低劳动强度和解决农业劳动力不足的问题。现代农业工程师运用机械学、水文学、计算机、电子学、化学和生物学知识解决农业生产中的问题，如植物栽培与农用机械（图 3-9）。农业工程师研究的领域包括：食品和生化工程，水和环境质量，机器和能量系统，食品、饲料和纤维生产。

图 3-9　植物栽培与农用机械

10. 核工程

核工程师设计使用原子能的系统，如核电站（图 3-10）、核动力船舶（如核潜艇、核动力航空母舰）、核动力宇宙飞船。有些核工程师研究核药物，有些研究核聚变反应堆的设计，核聚变反应堆能产生巨大的能量且对环境危害相对较小。

11. 计算机工程

计算机工程是在电气工程的基础上发展起来的。计算机工程师既懂计算机硬件（图 3-11）又懂软件，不过计算机软件一直是计算机工程师研究的重点。计算机工程师设计和制造计算机，这些计算机可以是个人计算机，也可以是网络计算机和超级计算机；他们编写的应用软件包括操作系统、文字处理器、电子表格等。随着计算机在现代社会中的地位越来越重要，计算机科学和工程仍然在快速发展。

图3-10　核电站

图3-11　典型台式计算机硬件

12. 生物医学工程

生物医学工程是将传统的工程技术（机械、电气、化学、工业工程）与现代医学和人体生理学相结合的现代工程领域。生物医学工程师研究开发的产品包括假体装置（如假肢）、人造肾脏、起搏器和人造心脏（图3-12）等。他们的创新研究成果已使聋哑人能够重新听到声音和盲者重见光明。生物医学工程师可以在医院作为临床工程师工作，也可以在药物中心担任药物研究人员，还可以在医药及医疗企业设计药物生产设备及医疗设备，在食品和药物管理局评估医药及医疗设备，甚至可以担当提供医疗保健服务的医生。

13. 其他工程

随着人类文明的进步，现代工程领域得到进一步拓展，例如，石油工程、环境工程、海洋工程/海事工程、电信工程、制造工程等。这些工程可以看作是传统工程领域的分支或延伸。

14. 新工科

现代产品通常都具有所谓的跨学科的特点，即单一产品可能会涉及上述多个工程技术领域，由于时间、精力的限制，不可能在大学期间学完所有上述工程技术门类，而只能选择一个或两个"专业"进行系统的学习。传统上，大学期间是工程生涯的一个重要节点，大学所选择的专业常常

图3-12　人造心脏

是以后的职业发展方向，入学后需要回答类似这样的问题：我是在机械工程领域发展呢，还是在化学工程、电气工程，或者是其他工程领域发展？一旦做好了选择，就可以确定相应的工程学科或所谓的专业，在很多情况下，这也可能是未来一辈子从事的职业。

当今社会是知识与技术大爆炸的时代，一方面，产品涉及专业技术交叉及复合程度

越来越高，另一方面，产品生命周期越来越短，所涉及的行业周期也大幅度缩短。如果按照传统的专业门类进行学习，不仅不能适应现代产品交叉、复合技术的需求，而且还要面临所学细分专业内容因新技术的出现而过时的风险。传统的所谓专业对口的工科学习和培养模式已经不能适应现代技术飞速发展以及产品快速更新迭代的需求。

这就要求大学生在大学期间不仅需要学习宽泛的工科基础科学知识（力学、电学、材料学及生物学等），还需要学习产品或系统设计与开发的一般性方法（工程学导论、产品设计与开发等），同时培养和锻炼终身学习的能力。这也就是所谓的"新工科通才教育模式"。大学生需要掌握多个相关学科的技术和方法，淡化甚至消除传统专业技术壁垒。例如，新工科培养的现代机械工程师必须熟练掌握测量、控制与驱动的电气工程知识，能够胜任现代产品发展的需要，因为绝大多数机械产品用电气控制方式可以比传统的机械控制方式更方便地实现产品功能。永远不要认为大学所学的专业外的工作与自己无关，要想成为优秀的工程师，就必须努力学习各种技术和并参加多种不同技术开发或设计工作，从而不断提升自己的技术能力。

这似乎又轮回到百年前多面手工程师的年代，现代工程师需要掌握很多跨学科门类的技术基础知识，能够解决产品及系统涉及的多个学科的技术及设计问题。同时，还面临传统多面手工程师不同的挑战，需要和客户、同事及供应商进行合作，这种技术交流与团队合作能力成为除"专业"技能以外特别重要的能力，还需要在产品设计与开发过程中努力降低产品对环境的负面影响，达到保护环境、可持续发展的目的。

3.4 工程师的工作分工

虽然工程师从事的具体行业或职业，存在很大的差异，但还是可以按照工作性质将工程师大致分为以下几类：

1. 研究型工程师（学术型工程师、工程科学家）

面向工程、技术及工艺中涉及的基础科学问题，研究其内在机理，获取相关规律（可靠知识），为新技术或新工艺提供科学依据或方法。研究型工程师应该具有扎实的数学与科学理论基础、熟练的实验及分析能力、创新的技术突破能力和严谨的书面表达能力。因此，研究型工程师需要接受更多的训练，通常要求硕士或博士学位。他们的工作性质和自然科学领域的科学家一样，都是探索自然规律，但工程科学家所探索的是具有明确应用前景的自然现象或科学问题，他们的主要职责是探索并研究工程实践中尚未被人类完全理解或掌握的基础科学问题。工程科学家通常就职于高等院校，他们在大学给学生授课，同时，通过培养硕士和博士研究生进行工程领域的基础科学问题的探索或关键技术的开发研究。他们也提供咨询服务，并通过专业团体以及政府和教育委员会来完成有关工作。

2. 技术开发工程师

面向工程、产品及工艺中涉及的技术问题，探索解决方案。这些技术大多为共性技术，如信号处理技术（时域分析技术、频域分析技术及视频分析技术）、人工智能领域中的各种技术（如人工神经网络算法、指纹识别技术、声纹识别技术及图像识别技术等）以及各种工艺技术（焊接技术、切削技术、铸造技术、激光加工技术及 3D 打印技术等）。技术开发工程师主要解决企业内涉及的各种专业技术问题，是形成企业核心技术的中坚力量。他们在学术背景方面与研究型工程师类似，通常具有硕士或博士学位，同样具有扎实的科学与数学理论基础、熟练的实验及分析能力、创新的技术突破能力和严谨的书面表达能力。技术开发工程师常常给设计与开发工程师提供支持，但他们自身也常常需要研究型工程师提供科学依据或机理探索研究的支持。

3. 设计与开发工程师

设计与开发工程师的工作主要是设计（发明）一个新的或改进现有的产品或系统，包括需求分析、调研、方案设计、方案分析与选择、方案测试、详细设计、样机制作、样机测试等内容，确保其所设计的产品具有竞争力。设计与开发工程师通常拥有至少一项技术能力（如机械设计能力，控制系统开发能力，软件开发能力等），设计与开发工程师需要具有对新技术及方法的敏锐捕捉能力，并能及时应用最新的技术成果，集成于产品设计之中，为大众提供性价比最佳的产品。设计与开发工程师有时还需要和技术开发工程师甚至研究型工程师合作进行技术开发工作，针对产品设计过程中的瓶颈技术进行探索和突破。产品的设计与开发需要大量的工程师、市场营销人员、管理人员及用户参与，需要对产品设计与开发中的各种问题（技术问题及非技术问题）进行协调和沟通，因此，设计与开发工程师需要具有良好的沟通能力、团队合作组织能力甚至良好的领导能力。

4. 制造工程师（生产工程师、工艺师）

制造工程师的工作就是要将设计与开发工程师的设计转换为实际产品。因此，制造工程师需要确定产品制造工艺及规划资源（编写产品工艺规划，确定原材料、零部件等资源），包括设备选择（单机或生产线）、制造参数选择等，确保产品制造过程是高效、高质量的。制造工程师通常也可称为工艺师，制造工程师通常需要具有制造工程或工业工程学位。

5. 测试工程师

测试产品的可靠性和对特定场合的适用性。测试工程师应该具有相关产品的专业背景，掌握产品的性能，具有实验及试验设计、数据采集及分析的相关专业技能。具有相关工程硕士及以上学位。

6. 运行工程师

运行和维护产品设施，如电厂、核电厂及化工厂。具有相关专业学位背景，并需要现场在线培训获得运行执照或上岗资格证书。

7. 销售工程师

协助销售人员，解决产品销售过程中的技术问题。拥有相关产品的技术背景，具有工程学位。

8. 管理工程师

领导并协调团队的工作（如设计团队、制造团队等）。具有工程学位及杰出的交流、沟通及组织能力。

下面以电动汽车可充电电池的研发和生产为例来说明工程职责范围及各工程专业间

的关系。研究型工程师（化学工程师、材料工程师）对新材料做基本的试验研究，找到可用于制造质轻、储能量高的可充电电池的材料。技术开发工程师（化学、材料或电气工程师）根据研究型工程师的研究成果选出一些材料进行进一步的技术研究和工艺开发。产品设计与开发工程师则基于技术开发工程师研发的技术，试图设计并制造出一些可充电电池原型（样品），并测试样品的性能，如最大充电周期，不同温度下的电压输出，放电率对可充电电池寿命的影响以及腐蚀等问题。如果技术开发工程师或设计与开发工程师不精通电池腐蚀问题，公司会短期雇用一个咨询工程师（化学、机械或材料工程师）来解决。设计与开发工程师在积累了足够的技术方案之后，会设计出可充电电池产品模型。必须规定可充电电池模型的成分、各个零件的尺寸和生产工艺。建筑工程师（土木工程师）建造生产可充电电池的厂房，制造工程师（生产工程师、工业工程师）设计并建造用于大批量生产可充电电池的生产线（如制造装备，装配区）。运行工程师（机械或工业工程师）负责维护生产线的高效运行。生产线运行起来后，测试工程师（工业或电气工程师）则随机选择可充电电池，测试其是否满足公司规格及相应的质量指标。销售工程师则向汽车公司介绍其公司可充电电池的优势，回答技术问题。管理工程师决定是否扩建厂房，给产品定价，雇用新员工，设定公司目标。所有这些工程师都应经过大学中的研究型工程师（通常是很多专业学科的工科教授）进行培训。

这个例子说明，完成各项职责的不同工程师是不可替代的。大部分项目都要求不同工程师的协调合作。然而，上述项目涉及的工程工作分配是理想化的，事实上，一个公司一般不可能也没有必要拥有项目要求的所有专业的工程师，通常需要和公司外部合作，常见的是短期聘用技术专业顾问或将相关技术或设计项目外包、外协。

3.5 工程师的职业机遇与未来

1. 成为工程师，具有理想的人生与职业前景

（1）工作成就感 工程师在研究和开发新技术、机器或设备时，如人工智能技术、汽车、飞机及航天飞机等，会从中得到巨大的事业成就感。

（2）广泛的职业发展机遇 工程师拥有很宽广的职业发展机遇。例如，如果你具有很好的想象力和创造力，你可以考虑成为设计工程师；如果你沟通能力强，可以考虑销售和服务工程师；如果你喜欢实验室工作，你可以考虑成为技术开发、测试、分析工程师。如果你喜欢教学工作及基础研究，你可以考虑攻读更高的学位，成为工程科学家或教授。

（3）工作充满挑战 工程师要解决的问题往往是开放性的，没有标准答案，他们需要找到问题的解决方案并且说服别人相信他的方案是最好的。因此，工程师不仅要面对技术问题的挑战，还需要面临团队合作、沟通交流甚至不同文化冲突的挑战。

（4）思维能力及智力得到发展 工程学的教育能训练大脑，培养逻辑思考问题和解决问题的能力。解决问题的能力对人的一生都很重要，它不仅体现在解决工程问题的智慧，对于日常生活也大有帮助，如规划假期、找工作、组织募捐、买房、写书等方面都

是很有价值的。

（5）具有很大的社会影响力　工程师的工作造福于社会，例如，开发运输系统能方便大众出行和货物运输；开发垃圾处理系统能保持环境清洁；研究风力、太阳能技术等，可提供绿色能源。

（6）稳定的收入　工程师具有很好的薪资和福利待遇。在西方，工程师属于所谓的中产阶级。在中国，工程师的收入也远高于平均工资。作为工程师都希望能在未来的工程职业生涯中获得成功，这将带来事业成就感和丰厚的经济回报。当然，对于大多数工程师而言，经济回报不是最重要的。调查显示，与经济报酬相比，工程师更重视在宽松的环境中从事自己感兴趣且富有挑战性的工作。

（7）较高的声望　工程师是受人尊敬的职业，他们为国家的科学和技术发展服务，并且为工程问题提供解决方案。例如，我国国防及航天工程的成就主要来自工程师的辛勤工作。

（8）良好的职业环境　工程师受人尊敬，可以在一定的工作岗位自由发挥自己的才能，并有机会学习和继承上一代工程师的技术和知识，而且能参加大量的研讨会和培训课程来更新或扩充知识并提升技能。

（9）开拓新的技术和科学领域　工程学教育能使受教育者更好地理解自然和世界，而且有助于更好地理解社会所面临的诸多问题。例如，当石油用完后以什么作为能源？如何应对全球气候变暖和环境恶化？如何提高人类的生存质量？回答这些问题，需要不断开拓和探索新的科学和技术领域。

（10）科学思维与工程思维能力　工程师在学习与工作过程中，其科学思维与工程思维能力不断地得到锻炼和发展。

2. 工程师的职业之路

工程师未来的发展方向有技术与经营管理两条职业道路可供选择。如果选择从事技术职业，则需要更高级的工程学位（硕士甚至博士学位，其中一小部分人在获得学位后会选择应聘为大学教授），这样就有机会成为技术专家及系统工程师。如果选择经营管理岗位，则需要获得高级的管理类学位（通常是工商管理硕士），这样就有机会成为项目经理、市场开发人员及企业营运人员。

从技术职业发展的角度，需要作为工程师工作3~5年，然后成为拥有专门技术的高级工程师，之后成为部门技术主管工程师，最后成为企业总工程师或技术总监。

从经营管理职业发展的角度，同样需要作为工程师工作3~5年，然后成为拥有专门技术的高级工程师，之后成为项目经理、产品或工程经理、部门经理甚至总经理。

3.6　如何才能成为一名工程师

在人类历史早期，没有正规的学校来教授工程学。当时，工程是那些具有手工天赋的人实施的，传统上，这些人被称为工匠。过去，人们通常通过给有经验的工匠做学徒来学习工程学（俗称"手艺"），实际上，这是通过获取经验知识来学习和继承工程学的基本原理。工程技术也正是利用这种方法得到传承、积累，并取得了很多伟大的成就。现代工程教育强调基础理论教育，这并没有错，但从历史的发展角度来看，如果想成为优秀的工程师，应更注重实践与经验知识的获取，即需要结合工程实际问题，进行经验知识的传承和积累，在寻求工程问题解决方案的过程中，学习并掌握工程理论与实践（经验）知识。

3.6.1　自学成才

本小节以两个案例说明普通人只要不懈努力是完全可以自学成才，成为伟大的工程师的。

例 3-1　洗碗机的故事。

约瑟芬·加里斯·科克伦（Josephine Garis Cochrane）是洗碗机的发明者（图 3-13）。1839 年，约瑟芬出生于一个工程师家庭。她的父亲约翰·加里斯（John Garis），是一名土木工程师，他负责管理美国俄亥俄河边的工厂，并在 19 世纪 50 年代负责将沼泽地中的水排干以便开发芝加哥。她的曾祖父，约翰·惠誉（John Fitch），在 1786 年设计制造了自己的蒸汽船。1853 年，在约瑟芬 19 岁那年，她与 27 岁英俊的贸易商威廉·科克伦（William Cochran）结婚。约瑟芬是个独立的女性，她尽管跟随夫姓，但她坚持姓名以 e 结尾。这对年轻的社会名流夫妇很受欢迎，有很多朋友，他们经常用精美的晚餐和祖传瓷器招待朋友。洗碗的家佣有时很粗心，打破了很多名贵餐具，因此约瑟芬决定自己清洗餐具。她很快就发现洗碗太浪费时间了，所以她决心发明一台可以帮她洗碗的机器。

图 3-13　约瑟芬·加里斯·科克伦和她发明的洗碗机

1. 初步的设想

最初，约瑟芬用了半小时，把碗碟放置在架子上，然后用高压水流把碗碟洗干净。后来，在机械技师乔治·巴特斯（George Butters）的帮助下，她在屋后的工作间里造出了第一台洗碗机。这台机器由手泵驱动，用肥皂水流清洗碟子。朋友们、邻居们都赶来看这个新发明，他们鼓励约瑟芬继续完善这台设备。在 1886 年 12 月 28 日，约瑟芬获得了洗碗机的专利授权证书。但由于造价成本高，当时普通家庭难以承受，因此她决定向大饭店或酒店推销她的洗碗机。著名的芝加哥酒店及帕尔玛酒店，成为她的早期客户。这时，她的洗碗机已经能够在 2min 内清洗和干燥 240 个盘子。

2. 持续的改进

由于当时传统保守的投资者不愿意给女性提供投资，她无法获得生产其产品的资金。因为缺乏资金，她通过雇用承包商，完成了所有零部件的制造。因为约瑟芬没有受过正规的机械工程训练，更因为她是个女性，她的设计常常很难获得这些承包商的认同和尊重。

1893 年，约瑟芬的 9 台洗碗机在芝加哥哥伦布纪念博览会上展示洗脏盘子。评委会授予其洗碗机最高奖，并高度评价洗碗机具有"最好的机械结构，耐用、适应性强"。经过这次宣传，洗碗机的订单开始增加。到 1898 年，约瑟芬积累了足够的创立自己公司的资金。她聘用乔治·巴特斯作为工段长，监管 3 个雇员。酒店等机构客户都称赞她的洗碗机，因为洗碗机节省了大量的劳动力，减少了盘子破损的可能性，同时还能给盘子进行消毒。约瑟芬成功了，她在有生之年见到了自己的事业逐步走向成功。她去世后（1913 年），公司继续生产她设计的洗碗机。1926 年，霍巴特（Hobart）收购了这家公司，霍巴特是一位著名的家电产品制造商。霍巴特将洗碗机子公司更名为厨房助手（KitchenAid），并在 20 世纪 40 年代推出了家用洗碗机。后来，厨房助手被著名家电生产厂家惠而浦收购。

3. 完美的产品开发历程

约瑟芬从保护昂贵餐具出发，自己洗碗（以避免家佣不小心损坏餐具），发现工作量很大（发现需求），尝试用水冲洗（初步的方案），再通过聘用机械师乔治·巴特斯（引进技术专家），进行详细设计并制造了第一台原型机（prototype），申请获得专利（保护知识产权），成功应用于第一个客户（实现高效洗碗功能）。整个样机研发过程历时 3 年，再经过持续 7 年的改进（不断地创新），获得芝加哥哥伦布博览会最高奖。

从例 3-1 可以看出：

1）创造力是不需要通过正规教育获得的，它来自于真实的生活需求。

2）发明创造需要不断地验证和完善。

3）每个人都可以成为发明家、工程师。

4）不要害怕技术瓶颈和难题，具体技术细节可以让技术专家完成（洗碗机的机械设计由乔治·巴特斯完成），团队合作非常重要。

洗碗机是典型的个体推动的发明与创造案例，发明者不是职业工程师，而是一位典型的家庭主妇。该案例具有两层含义：其一是任何人都具有不同程度的创造力，都可能成为发明家；其二是即便未经过正规培训，只要锲而不舍地努力，也可能成为优秀的工程师。

例 3-2 发明家麦考伊。

伊利亚·麦考伊（Elijah McCoy，图 3-14）是美国杰出黑人机械工程师和发明家。19 世纪 40 年代早期，麦考伊出生在加拿大安大略省科尔切斯特镇。他的父母是奴隶，从肯塔基州通过"地下铁道"（帮助奴隶获得自由的网路）逃出。

当时，黑人受教育的机会很少。麦考伊 15 岁那年，他的父母送他到苏格兰学习，在那里他获得了"熟练技工和工程师"的头衔。之后他回到北美，定居在密歇根州底特律。在 19 世纪 60 年代，黑人很难获得专业工作，所以他的第一份工作是密歇根中央铁路的锅炉工兼注油工。作为一个锅炉工，他负责将煤铲进燃烧室中；作为注油工，他给机器加润滑油，受当时的技术水平所限，机器必须停机才能加注润滑油，这就降低了机器的使用率。为了克服这一缺点，他开发了一个给运动机械加润滑油的装置，并获得其第一个专利。这种润滑装置在当时极具竞争力，当时业内工程师都会问相关设备是否装备了"the real McCoy"（意为真实的麦考伊），该短语甚至演变为一个美国流行短语，意思是"真货""可靠的东西"。有趣的是，这个短语最初源于 1856 年的广告标语"the real MacKay"，用于推销一种苏格兰威士忌酒。麦考伊一生中共获得了 57 项专利，分别获得美国、英国、加拿大、法国、德国、奥地利和俄罗斯的专利授权。烫衣板和草坪洒水器就是其中的杰出代表。1920 年，麦考伊创立了

图 3-14　美国机械
工程师麦考伊

伊利亚·麦考伊制造公司，生产和销售他的众多发明。麦考伊在 1929 年去世。为了纪念麦考伊的伟大成就，他被选入 2001 年的美国国家发明家名人堂。麦考伊的成功来源于其琐碎的、枯燥的工作经历，更重要的是他能独立思考并尝试改变所经历产品或系统的不足之处，从而提高效率，降低人类的劳动强度，为社会做出了贡献。

3.6.2　工程教育

尽管工程师可以自学成才，但接受大学正规工程教育仍然是成为优秀工程师最有效的、最理想的途径。工程教育（engineering education）在我国又称为工科教育，其目标是培养具有工程执业能力的专业人才。工科教育为培养合格的工程师，提供基础科学与技术知识的系统课程教育与培训，重点培养工程思维及解决工程问题的方法。这些方法不仅包括严谨的科学演算、推理，还包括工程设计、制造及校验方法。

在高中之前甚至大学一年级学习期间主要还是学习科学方法、培养科学思维能力。

1）对物理现象提出假设。

2）设计实验，精确地验证假设。

3）做实验，分析实验数据，确定实验数据是否与假设一致。

4）将实验结果归纳成模型或理论。

5）发表研究结果。

工科学生在中小学及大学期间，运用上述科学方法获得知识，这些科学方法是成为科学家及工程师必须掌握的重要技能。

作为工科学生，有必要了解在大学学习工科和在中小学阶段学习自然科学存在很大的不同。尽管现代中小学教育也强调素质教育（面向能力培养），但大部分精力仍然是集中在知识传输。只要用功学习，掌握知识并积极进行逻辑思维和推理，就能提高基于知识的解题能力，从而取得好成绩，进入理想的大学。进入大学后，一些基础理论课程，还可以沿用中学惯用的学习科学知识的方法，但仅仅学好了基础理论课程，并不意

味着一定能成为优秀的工程师，还需要学习大量的工程技术及设计课程，这些课程的学习方法与基础理论的学习有着本质的区别。因为，当面临工程实际系统和环境时，由于存在各种误差、干扰及不确定性，即使是被证明为定律的模型，能否准确描述真实系统，还取决于给予模型的边界条件及输入参数的精度。这些参数及边界条件在大部分情况下是未知的（在工科课堂教学过程中，为了便于讲解数学模型，通常会假定这些参数与边界条件是已知的），要获得这些参数、边界条件，需要经过大量的调研、试验及分析验证。因此，求解实际工程问题，远比课堂中学习的工程案例复杂、不确定。更具挑战的是，工程产品通常会面临大量此类复杂的、不确定的子问题。这时，需要培养所谓的"综合能力"，综合能力表现为扎实的基础理论知识、综合运用知识解决问题的能力、坚忍不拔的毅力以及勇于承担责任的团队合作精神。

工程问题涉及不同性质约束的交互问题。工程解决方案的认证，必须解释如何及为何将权重分配给不同属性的准则。在面向不同性质的约束和准则进行决策时，工程师可以借鉴以前的类似问题和解决方案。如第2章所述，类比推理是工程思维的核心。工程师应该进行类比方法培训，并给出大量的类比源以供类比推理。传统的专利库以及现代的互联网提供了丰富的、可供工程师借鉴或类比的工程案例源。

为了更好理解现代工科大学为什么强调能力培养，有必要了解工程教育认证制度及其目标。自1933年起，为了保证工程教育质量，美国工程与技术认证委员会（ABET）开始对工程教育进行认证，其主要目的是确保工程专业毕业生具有工程执业所需的知识和能力。ABET提出的工程教育认证标准，目前已经得到全世界工程教育界及工业界的广泛认同。ABET（美国）于1989与英国、加拿大、爱尔兰、澳大利亚、新西兰6个国家的民间工程专业团体发起和签署了《华盛顿协议》。该协议对国际上本科工程学历（一般为四年）资格互认，确认由签约成员认证的工程学历基本相同，并建议完成任一签约成员认证的课程的人员均应被其他签约国（地区）视为已获得从事初级工程工作的任职资格。2016年6月2日，中国成为国际本科工程学位互认协议《华盛顿协议》的正式会员。从此，我国高等学校工程专业认证工作将基于国际工程认证标准。一般，工程认证评估某个工程专业时，需要评价其学生质量、教师水平、教学设施、课程体系及内容。课程必须包括①通识教育课程；②一学年的大学数学和基础科学课程；③一年半学年的工程科学、技术和设计课程。工程课程教学内容必须考虑到以下现实的约束：经济、环保、可持续、工艺性、道德观念、健康与安全、社会和政治，使得工程产品达到最优。工程认证并不规定课程列表，而是允许各个工学院设计自己的课程，以使学生达到特定的目标。工程认证在评估工程专业时主要考察工科毕业生是否拥有以下技能：

1）能够应用数学、自然科学、工程基础和专业知识解决复杂工程问题。

2）能够应用数学、自然科学和工程科学的基本原理，并通过文献调研，识别、表达、研究及分析复杂工程问题，以获得有效结论。

3）能够针对复杂工程问题，设计解决方案，设计满足特定需求的系统、单元（部件）或工艺流程，并能够在设计环节中体现创新意识，考虑社会、健康、安全、法律、文化以及环境等因素。

4）能够基于科学原理并采用科学方法对复杂工程问题进行研究，包括设计实验、分析与解释数据，并通过综合信息分析得到合理有效的结论。

5）能够针对复杂工程问题，开发、选择与使用恰当的技术、资源、现代工程工具和信息技术工具，并提出系统的解决方案，包括对复杂工程问题的预测与模拟，并能够理解其局限性。

6）能够基于工程相关背景知识，分析并评价专业工程实践和复杂工程问题解决方案对社会、健康、安全、法律以及文化的影响，并理解应承担的责任。

7）能够理解和评价针对复杂工程问题的解决方案及相关工程实践对环境、社会可持续发展的影响。

8）具有人文社会科学素养、社会责任感，能够在工程实践中理解并遵守工程职业道德和规范，履行义务和责任。

9）能够在多学科背景下的团队中承担个体、团队成员以及负责人的角色。

10）能够就复杂工程问题与业界同行及社会公众进行有效的沟通和交流，包括撰写报告和设计文稿、陈述发言、清晰表达或回应指令，并具备一定的国际视野，能够在跨文化背景下进行沟通和交流。

11）理解并掌握工程管理原理与经济决策方法，并能在多学科环境中应用。

12）具有自主学习和终身学习的意识，有不断学习和适应发展的能力。

面对工科教育对上述综合能力的要求，如果沿用过去的学习方法，可能难以达到学习目标，因为面向知识的测试在课程考核中所占的比例大幅度降低了，工科教育的课程基于工程认证标准，重点考核应用知识解决问题的能力（表现为所提交课程实践项目解决方案的质量）、交流能力（表现为口语表达及提交的书面报告的质量）、组织协调能力（团队合作能力）等。因此，工科学习更需要强调掌握解决实际问题的能力，不仅要通过课程中的工程案例进行学习和实践，还需要进行大量课外实践和实习。课外实践和实习还应不仅仅局限于与工程技术相关的实践和实习活动，还要进行一些技术主题外的实践和实习活动（如公益服务等），这些非技术的实践和实习有助于认识社会对工程的需求，从而更有效地挖掘创造力并提升解决工程问题的能力。

作为工科学生，还需要认识到即使在大学课程学习中获得优良的成绩，也不能保证在未来真实的工程世界中成为优秀的工程师。因为随着科学技术的发展，知识正呈指数形式增长，要想在四年本科学习阶段完全掌握工程学涉及的科学知识和技术方法是不可能的。大部分工科学生在进入工作岗位后，需要不断学习积累工程职业经验并提升工程职业能力。有不少工程师还会重新回到学校继续攻读硕士或博士学位。这是因为虽然大部分的工程工作岗位，拥有工学学士学位就足够了，但研究工程师、技术开发工程师及教育工程师通常要求硕士和博士学位。具有高学位的工程师主要解决产品开发早期阶段的技术问题，这些技术问题往往极具挑战性，需要研发人员具有坚实的科学与技术理论基础，这就要求参与该阶段的人员需要接受更多的教育和培训，并获得更高的学位。

工程教育对人的未来发展是非常有益的。相当一部分具有工科背景学士学位的学生决定在其他领域接受更高级别学位的正规教育（如法律、医学工程、商业及管理等），而在工程学课程中获得的训练，可以为在其他领域的培训和发展打下良好的知识基础，因为工程学课程培养了学生优秀的工程素养（即责任心、工作习惯、思维方式和合作精神）。

3.6.3 工程教育与创造力

作为未来的工程师，工科学生应该从挖掘自身的创造力开始自己的工程学习。这也是工程学导论课程的主要目标。创造性在工程学习和实践中均具有重要的作用。每个人天生都具有不同程度的创造力，而且，从产生创造性成果的角度，人的创造力又是可以培养和提高的。例如，人们在50m赛跑中表现出不同的能力，通过正确的锻炼，可以比原先跑得更快一点。当今世界处在一个技术高速发展、创造力爆发的时代，因此工程师需要培养和提升自己的创造力，即让自己比原先更具创造力。

传统工程教学过程中很少有直接涉及以创造性为主题的课程。工程教育或工科教育的主要教学目的和活动是将人类获得的科学和工程知识传授给下一代。由于工程问题的解是开发性的、非唯一的，工程教育主要通过类比结合推理的方法，在传授工程知识和方法的同时，力求提升学生解决工程问题的能力。毋庸置疑，人类发展到今天已经积累了大量的科学知识和技术方法，学习掌握这些知识和方法本身就是一个艰巨的、花费一生也学不完的任务。因此，工程教育强调的是正确运用知识和方法解决工程问题的能力，以及快速学习新技术的能力。不可否认，由于受到教学资源和教学效率的限制，目前大学工程教育课程体系中，科学知识和技术方法讲授的教学活动仍然占有相当大的比例。这些基于分析，而不是综合的教学内容，强调学生的科学分析能力，创造性的教学环节相对缺失。这就需要通过课外实践和实习来加以弥补，从而提升包括创造力在内的综合能力。工科学生必须尽可能参加并用心投入课堂内外的实验及项目实践活动，特别是富含创新思维的技术开发及产品开发活动。

包括工程在内的一些需要创造性的职业见表3-1。尽管工程师与作家、艺术家和作曲家职业内涵各不相同，但工程师的作品和艺术作品一样，都是为满足人类的需求而开发的。当然，工程师的目标与其他创造性的职业也有区别。工程师为达成人类需求目标，需要受到科学和经济学规律的约束。与其他创造性职业不同，工程师不能随意忽视这些约束。例如，地球引力是被科学反复验证的自然规律，因此，在航空工程等领域，所有工程实践都要受到它的约束，如果航空工程师忽略地球引力这个约束，则可能一事无成，因为航空工程主要就是解决如何脱离地球引力飞向天空。也正因为工程师的工作受到很多约束，工程师更需要具备并展现出更大的创造力。

表3-1 需要创造性的职业

职业	目标	约束
作家	交流、探究情绪、研究文字	语言
艺术家	交流、创造美、体验不同的环境	视觉形式
作曲家	交流、创造新的音乐、研究各种乐器	音乐形式
工程师	简洁、提高可靠性、改进效率、减少成本、性能更好、尺寸更小,质量更轻等	科学和经济学

表3-1中工程师的目标中，最重要的是简洁，因为简单的工程设计通常同时能满足

其他的目标（如经济性、美观性等）。工程师追求简洁性可用所谓的 KISS 原则来说明："Keep It Simple，Stupid"，即"使之简单、直接"。这是未来的工程师必须牢记的最基本准则。

从达芬奇的个人经历与成就表明，艺术、科学、医学及工程在本质上是相互关联的，人类的进步需要不断地进行科学探索和工程创造。毋庸置疑，工程和艺术一样，是一个需要创造力的职业。正如创新的艺术给人带来美的享受，而创新的工程则给人类带来便利与舒适的生活。

3.6.4　创造性工程师的特点

现代高科技产品往往需要依赖群体的、众多的创造性工程师的技术及产品创新推动。创造性工程师一般具有以下特点：

1. 需求意识

创造性工程师总是对人类的需求具有极其敏感的意识。能及时捕捉人类对产品或服务的需求，并对涉及的工程问题进行正确的定义和解释，这是一切工程创造和开发的基础。洗碗机就是典型的洗碗需求触发的创造发明。

2. 坚持不懈

寻找问题的创造性的解决方案需要不断努力。在工作中总会遇到各种各样的问题，一个成功的创造性工程师永不会放弃。托马斯·阿尔瓦·爱迪生说，"天才是百分之九十九的汗水加上百分之一的灵感"。大部分人不缺少这百分之一的灵感，但很少人能付出百分之九十九的努力。

3. 多问为什么

创造性工程师都会对自然和世界充满好奇，他们和科学家一样，会总是试图理解世界和自然。通过提出问题，并进行广泛的调研，了解其他工程师如何创造性地解决问题。

4. 不断思考

创造性工程师不断问自己，如何才能做得更好？创造性工程师在午夜周围没有其他车辆时遇到红灯，他不会抱怨，而是思考"怎样开发出一种传感器，检测到我的车，然后让红灯变绿"。

5. 从失败或事故中学习经验

很多伟大的发现是从失败和事故中发现的（如聚四氟乙烯，其中的氟元素提炼经历了 118 年，很多科学家因此中毒死亡）。对意外保持敏感，不让自己的头脑受个人情绪控制变得简单而狭隘。

6. 善于类比

解决问题的过程是一个反复循环的过程。通过将大量的知识进行关联，创造性工程师更易于找到解决方案。在学习时，可以通过类比将知识联系起来，从而将信息储存在头脑中的多个区域。最实用的办法是从专利库中寻找类比解决方案，但需要注意尊重别人的知识产权，因为每一项发明都凝聚着发明者大量的辛勤劳动。

7. 及时归纳总结

当学习新知识、新技术及新方法时，创造性工程师总是试图概括这些信息，与已有知识形成关联。对于已经达成的最终成果或阶段性成果，要及时归纳总结并存档，以便为未来的工作提供借鉴或打下基础。

8. 定性和定量的分析能力

在学习工程学时不仅要培养定量的分析能力，还要培养定性的分析能力。培养对数字和工艺的"感觉"，因为它们是构建定性模型的基础，也是工程判断力的重要组成部分。

9. 良好的形象思维能力

很多创造性的解决方案要求具有空间思维能力。因为很多时候，通过空间思维或想象，只要将零件重组，以不同方式装配或增加零件数目就可以得到想要的解决方案。

10. 良好的绘图能力

绘图是到目前为止表达空间关系、尺寸、操作顺序和表达其他想法的最快捷的方式。通过工程图样和草图，工程师能便捷地将自己的想法传递给同事。

11. 发散思维能力（横向思维能力及工程思维能力，参见2.4.2节和2.4.3节）

工程师不可能在所有工程学科上都得到培训，而只能专注于某个学科（如机械工程、电气工程、材料工程、土木工程等）。传统的工科教育，通常把工程师的思维局限在某一个学科内，这将使工程师在解决问题的过程中错过很多潜在的、更切合实际的解决方案。例如，当代工程产品不仅要求有机械、电气、材料甚至土木工程等多个工程领域的专门知识，更需要掌握相关的技术能力（如计算机实体造型、有限元分析、数据实时采集与处理等）。虽然精通所有工程学科是不现实的，但工程师必须按照新工科的学习理念，尽可能掌握足够多的、跨学科领域的工程知识和技能，以便能够和其他工程学科的专家和技术人员进行有效的交流，从而在完成产品开发的同时提升自身的发散思维能力。

12. 广泛的兴趣

创造性工程师一定是快乐的，这就要求工程师能平衡智力、情感和生理需求。传统工程教育仅仅强调智力和技能培养，现代高等教育则强调情感和生理的平衡发展，如通过大学社团活动等，培养学生的社交活动能力、广泛的兴趣爱好（如音乐、艺术、文学）和强健的体魄（学校各种体育活动）。

13. 挖掘隐藏的信息

简单的问题有时只要通过人体的感官信息就能解决，而复杂的问题往往需要挖掘隐藏在表象之后的信息，有时甚至需要采用专门的分析及测试仪器加以挖掘及处理。工程中的许多问题都需要进行仔细的分析与挖掘，才能最终得到理想的解决方案。

14. 遵循自然法则

并不是所有的问题都能按照人的意志来解决的。例如，永动机是人类的愿望，但它不符合自然法则，所以不可能成功。工程师必须尊重自然规律和法则，不违背科学理念和原理，才能获得可以满足人类需求的工程产品。

3.7 小结

工程学的传统学科有土木工程、机械工程、电气工程等。新工科是现代工科通才教育和学习的理念，而不是一种全新的专业学科，新工科要求学生具有跨越传统工科专业壁垒的能力。

对于不同行业或专业，工程师的具体职业可以分为：研究、设计、销售、生产、运行及管理等。

工程师的工作要点就是依赖科学、数学及方法学，解决实际工程问题，并采用技术交流语言，诠释、展示解决方案或模型。工程师是解决问题的人，他不仅要掌握简单问题的推理解决方法，还要掌握解决复合问题的思维方法。

工程和艺术一样，是一个需要创造力的职业。正如创新的艺术给人带来美的享受，而创新的工程则给人类带来便利与舒适的生活。

习题与思考题

3-1 工程师做什么？

3-2 简述工程师的职业道路。

3-3 工科学习有哪些特点？你如何应对？

3-4 工程认证的目标有哪些内容？对工科学习有哪些指导作用？

3-5 人的创造力可以提升吗？

3-6 如何成为创造性工程师？

第 4 章

工程与社会

本章学习目标

1. 能够理解学习人文知识及提升人文思维能力对工程师的重要性。

2. 能够理解工程与马斯洛需求塔的关系。

3. 能够理解和认识工程技术的双面性。

4. 能够理解可持续发展的理念。

5. 能够认识和理解工程职业道德对人类社会安全、福祉及发展的重要性，并具有崇高的职业道德观念。

4.1　工程与人文

4.1.1　工程思维与人文思维

随着工程及技术日益强大，人类比以往任何时候都更需要关注技术对人类的影响。如前述章节所述，科学、数学及工程技术是探索确定性的事物。科学思维和工程思维都从科学的角度，认知和改造世界。例如，科学与工程研究确定性的事件，如牛顿定律。而人文学研究则探索不确定性的、有争论的甚至被质疑的内容，如原料价格的走势，今天原料价格的涨跌对于明天的涨跌具有不确定性。由于研究对象的不确定性特征，人文思维与科学思维及工程思维存在差异，人文思维往往偏重主观质疑性思维。如人文学的研究对象之一是人类社会的历史、现在和未来，质疑思维对于这些内容的研究是非常重要的。人文研究常常会质疑我们是谁？人类是我们自己认为的我们吗？我们来自何方？我们的未来如何？我们的未来应该如何选择？

虽然当代科学、技术及工程成就已经成为人们获取上述问题答案的主要源泉，但人文学的研究可以不时地提醒人们，人类在历史上有时具有非常强大的误导或误判自己的能力。人文学研究也说明每个人都是独特的个体，每个人一直都在以不可预测的方式改变自己。科学与技术在推动社会不断变革，人性有时也会让人们拒绝接受科学事实。按照人文思维的方式，常常需要质疑人们判断正确与错误的准则，这些准则是基于个人的因素还是整个社会的因素。

在技术高速发展的当今社会，人工智能（图4-1）、基因技术（图4-2）等都会面临人文学科的难题，人们需要预判新技术对人类社会潜在的影响。

图4-1　人工智能棋局对弈

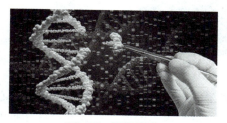
图4-2　基因技术

工程技术的发展应该是推动人类进步的而不是反其道而行之。工程师如了解人文学科，具备一些人文思维能力，则更有利于开发满足人类安全和发展需要的产品和技术。

4.1.2　工科教育与人文教育

当今社会，工程技术蓬勃发展。工程是创新的最重要的组成部分，因而工科得到极大的重视，而人文受到的关注度相对较低。工程与人文不仅主题不同，采用的思维方式也不相同。工程师学习一些人文知识有助于更好地了解、认识甚至设计世界，而且这种学科交叉学习有助于左脑功能（分析、定量技能）与右脑功能（艺术、人文技能）互动，有助于提升工程师的综合能力并成为多面手。

前述章节详细讨论了工程思维及解决工程问题的一般方法。在人文领域，没有理工科领域所谓的必须掌握的"基础科学知识内容"，人文课程无法确认哪些属于所谓的基础内容，人文学科的创造性思维直接切入所涉及的主题。例如，文学教授在讲解一首诗的第一节课时，不会去诠释这首诗词的知识，而是直接想象性地演绎该诗词的内容。人文学课总是让学生去体验一个故事、小说甚至一幅画作，而不是试图去解释作品。

掌握艺术技能，通常通过反复练习，达到熟能生巧。艺术学习是一个熟悉的过程，但艺术创造通常需要逆学习过程，即逆熟悉的创造，它需要传递感受，而不是熟悉感受，艺术需要产生不熟悉的作品。获得克服习惯性感受的能力是工程与艺术的共同点。以此能力，作家以新颖方式传递人生感悟，而工程师以此能力进行创新。

技术不是按照人们的意愿、遵循教科书设想的途径或解决问题的方式向前发展。和文学艺术一样，工程师有时不是为满足公认的需求进行工作，而是为其创造的需求进行工作。托尔斯泰创作小说《安娜·卡列尼娜》（图4-3）并不是为了满足某个人的需要，乔布斯开发iPhone智能手机（图4-4）也不是因为当时手机市场明确提出了对智能手机的需求。

图 4-3　托尔斯泰及其小说《安娜·卡列尼娜》

图 4-4　乔布斯与 iPhone 智能手机

托尔斯泰给其读者提供了洞察安娜内心世界的窗口。类似地，工程师也需要穿越技术到达用户的内心世界，从装置和系统使用者的角度去考虑问题。

以人为本的设计强调同理心，而同理心则是人文学科最擅长传授的内容。当阅读一部小说时，你认识了小说主人公，感受他的感受，时时刻刻跟随他的思路和情感，超越了文化、时代、性别、社会阶层、国籍以及职业。同理心能产生善良的人性，同时也能产生更好的、为人服务的技术创新。

工科学生不仅应该学习工程技术及其方法，还应该努力学习人文知识和思维方式，达到"全脑思维模式"，体验工程与人文交叉的经验，不仅让自己，也让所开发的产品或系统更容易适应未来世界所带来的不可预期的变化。

4.2　工程与人类需求

4.2.1　马斯洛需求塔

针对人类需求，美国社会心理学家、比较心理学家亚伯拉罕·哈罗德·马斯洛（图 4-5）提出了需求塔的概念。他把人类的需求分为生活与生理需求、安全需求、社交需求、名誉需求和自我实现需求五类，依次由较低层次到较高层次。随着互联网的普及，有人又将互联网作为一基本需求纳入其中（图 4-6）。工程技术在寻求互联网、生

图 4-5　亚伯拉罕·哈罗德·马斯洛

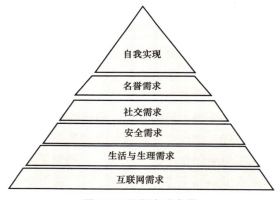

图 4-6　马斯洛需求塔

活与生理、安全等基本需求的解决方案中做出了巨大的贡献，对现代文明产生了巨大的推动作用。

4.2.2 满足人类需求的著名产品

近两百年来，人类为满足自身的需求，创造了成千上万种产品。大部分产品都是围绕人们的衣、食、住、行开发的。对于衣方面的需求，典型的发明创造就是伊莱亚斯·豪（Elias Howe）于 1851 年发明的拉链（图 4-7），豪充分了解社会大众对方便着衣的需求。自那时起，社会对拉链的需求经久不衰，至今仍然广泛应用于服装及箱包等行业。在食方面，高效农业技术如杂交水稻技术（图 4-8）、联合收割机等（图 4-9）的发展解决了人类的粮食安全问题。在住方面，空调技术（图 4-10）的发展给人类带来了四季如春的居住环境。在行方面，自行车、汽车、飞机（图 3-4）极大地方便了人们的出行。

图 4-7 拉链

图 4-8 杂交水稻

图 4-9 联合收割机

图 4-10 空调

近百年来，人们在满足衣食住行的基础上，越来越追求需求塔上部的内容，对社交、时尚及娱乐产生了巨大的需求。工程技术提供了大量的解决方案，并诞生了众多杰出的产品。有些产品最初来自生活实际需求，如由乔治·勃雷斯代（George G. Blaisdell）于 1932 年设计的 ZIPPO 打火机（图 4-11），当初起源于方便生火的需求，后来逐步成为时尚品牌，至今仍然畅销。

为了方便个人音乐娱乐，1979 年索尼公司推出了独一无二的时尚产品：随身听（walkman，图 4-12），该产品取得了很大的成功，创造了 20 年的辉煌。在此之后，随着数字音响技术的发展，出现了数字随身听 MP3，然而真正终结磁带便携播放器生命周期的产品是 2001 年苹果公司推出的数码随身听 iPod nano（图 4-13）。由于其方便、时尚的效应，让以 walkman 为代表的磁带便携播放器彻底退出了市场。更具革命性的产品是苹果公司 2007 年推出的智能手机 iPhone（图 4-14）。

图 4-11　ZIPPO 打火机

图 4-12　索尼公司发明的随身听

图 4-13　苹果公司发明的数码随身听

图 4-14　苹果公司的 iPhone 智能手机

4.2.3　工程创新的动力：需求分析与挖掘

如前所述，工程是解决人类面临问题的技术手段。识别人类现在和未来面临的问题，从工程的角度就是发现工程需求，它是一切工程创新的动力。需求可以从某个系统的内部和外部挖掘。需求分析应特别聚焦系统的缺陷：

1）系统哪里工作不达预期甚至不能实现功能？

2）系统缺失了哪些服务、选项或功能？

需求识别还包括人们暂时未遇到的需求，但未来必然会碰到的需求，如化石燃料终有一天会用完，如何应对由化石能源缺失造成的能源短缺问题？特定的人类需求还可以通过大数据分析人类行为加以挖掘、识别甚至预测。面向产品设计与开发的需求分析方法将在后续章节中详细介绍。

随着当代工程技术的飞速发展，人们已经基本解决了需求塔底部的衣食住行所涉及的工程问题，人类的需求开始往需求塔顶部发展，追求精神的享受已经逐步超越基本物质的享受，成为人类需求的重要源泉。音乐、时尚、美容、娱乐甚至表演都是马斯洛需求塔上部的高阶需求，如智能手机技术的发展给普通人带来了是自我价值挖掘和实现的机会，智能手机上腾讯公司的微信朋友圈及手机微视频等软件，给每个普通人提供了展示和分享个人才艺及个人感受的平台，得以满足自我价值实现的需求。面对这些新需求所涉及的工程问题也更具挑战性，不仅需要创新的技术，而且要有挖掘、解释和提炼所涉及的工程需求的能力。

4.3　工程（技术）与人类未来

　　人类文明基于科学发现及工程技术的发展。科学的发展提高了人类对自身和自然的认知，而工程技术的发展则推动人类社会的巨大进步，人类发展越来越依赖工程技术，工程师的工作对人类的未来将产生越来越大的影响。工程技术一方面推动人类文明和进步，但不可否认，工程技术推动的人类文明和进步在不同程度上也会对自然环境甚至人类自身造成不利的影响，因此，工程技术对人类社会的发展具有双面性的特点。作为工程师，需要认识到技术的双面性，基于工程良知，做出正确的工程技术设计与开发抉择及选择。

1. 工业文明的两面性

　　众所周知，工业革命极大地改善了人类的生活。工业革命带来的工程技术的巨大发展对改善人类的居住环境及生活质量的提高无疑是积极的，但有时也会带来一些消极的副作用。例如，有些为提高生活质量而进行的工业活动会释放温室气体，如二氧化碳、甲烷、含氯氟烃和氮氧化物，这些排放都会使大气环境恶化。再如，一些含氯气体与臭氧层的破坏有关，而臭氧层是保护植物和动物防止紫外线损伤的重要屏障。某些活动，无论是故意的（如砍伐树木）或无心的（如向水中和空气中释放污染物），都有可能毁灭人类赖以生存的整个生态系统。随着工程技术的发展，人类已经变得异常强大，具备了改造自然的能力。然而，这种能力是一把双刃剑，可以保护自然，也可以破损自然生态。此外，技术本身也可能对人体自身产生伤害，如任何药物治疗人体疾病的同时都有伤害人体的副作用；人们在享受无线射频带来的便利和快乐的时候，也在承受着电磁辐射对人体健康的危害。

　　工业电气化让生产效率大幅度提升，不仅带来了普通大众能够消费的大量高性价比产品（空调、电视及通信技术），而且大幅度减少了工人的劳动时间和强度，使得广大劳动者有了足够多的时间去娱乐和休闲。但工业革命及工业电气化带来的高效率，也加速了资源的使用效率，自然资源迅速减少，同时电气化生产过程及其产品也不可避免地给环境带来了破坏。此外，由于自动化生产效率的提升，企业不再需要雇佣和以往一样多的劳动者，这就不可避免地带来大量的失业，造成严重的社会问题。

　　从历史上看，国防是推动工程技术发展的主要推手之一。工业文明极大地推动了国防技术的发展。由现代工业文明催生的航空航天技术、航空母舰技术及核武器一方面可以保护国家的安全，但这些高技术大规模杀伤武器（如核武器，生化武器等），已经成为悬在人类头上的达克斯魔剑。

现代工程技术也在逐渐改变人们的生活习惯和思维方式，形成了独特的现代文化。在没有现代交通技术的年代，人类的生活范围极大地受到区域限制，百年前的人类没有现在的人舒适、轻松和愉快，但生活却充满活力，因为日常生活需要大量体力劳动，锻炼也随之融入这些体力劳动中，有效地增强了人类的体质。而现代工业文明把人们从繁重的体力劳动中解放出来，人们不再需要改造自然的体力活动，相关的体质锻炼也随之消失。自动化技术免除了人类的大部分重体力劳动，使人们的生活变得更加便捷、省力，人们不再需要依赖身体素质去改造自然，从进化论的角度，人们的身体机能是否会退化到远古时代（图4-15）？另外，技术让生活变得方便，但是否也会让生活失去乐趣？人类需要成就感，通过努力获得的成就才是乐趣，技术带来的过度的方便和奢华会不会反而使得生活失去乐趣？工程技术的发展，需要工程师面对上述问题，并采取有效应对策略。

图4-15　技术对人类的潜在影响

2. 互联网技术与智能手机的两面性

互联网技术及智能手机技术的出现，正在改变社会的传统生活习惯（图4-16），智能手机让人们可以更及时和方便地与人交流，去了解和认识世界。但由此也减少了人与人之间面对面的直接接触交流的机会，人类的群体活动、团队活动乃至社会活动是否会越来越失去动力和活力？人们沉迷于虚拟空间的交往，真实世界的人际日常交往与互动日益减少，虚拟世界的交流剥夺了温馨的和激动人心的面对面互动。孩子们都很容易沉迷于网络世界，缺乏足够的室外活动不利于其身心的正常发育。此外，互联网也带来了一些不道德的行为：网络黑客、垃圾邮件及网络钓鱼等。互联网犯罪也日益递增。互联网是一个缺乏规则的开放平台，对于什么可以放在网上，缺乏监管，网络赌博已经让不少人成瘾。互联网与智能手机的负面因素如何缓解和消除，需要工程师、政府及社会的协作与努力。

图4-16　智能手机与现代社会

3. 人工智能的两面性

计算机技术与人工智能技术的飞速发展，一方面免除了人类的烦琐脑力劳动，人们不再需要用大脑去进行计算、统计和数据处理，但这也让人类过于依赖机器、计算机以及人工智能，脑力劳动量及强度大幅度降低是否也会让人类的大脑退化？已经有统计表明，计算器出现在校园之后，学生的数学能力呈现下降趋势。

人工智能及机器人技术正在逐步替代人类的工作。让人工智能技术完全替代人类的智能是否明智？智能化的产品如何避免被用于不道德甚至伤害人类的行为？智能化的机器是否会对人类自身产生威胁？

4. 基因技术的两面性

和现代任何一项工业技术一样，基因技术也具有两面性，有造福人类的一面，又有潜在的危害生态甚至危害生命的一面。基因技术既可加快农作物和家畜品种的改良速度，提高人类食物的品质，又可以生产珍贵的药用蛋白，为患病者带来福音。例如，将能产生人体疫苗的基因转入植物食品，人们就可以在食用食物的同时增加自身对疾病的抵抗力。但是，人类对自然界的干预是否会造成潜在的尚不可能预知的危险？大量转基因生物会不会破坏生物多样性？转基因产品会不会对人类健康造成危害？对生物、植物生命进行的任意修改创造出的新型遗传基因植物和生物是否会危害到人类？它们是否会对生态环境造成新的污染，即所谓的遗传基因污染？转基因农作物和以此为原材料制造的转基因食品对人体的影响还有待进一步探索。

5. 工程与可持续发展

所谓可持续发展就是在满足这一代人需求的同时不会牺牲或威胁未来数代人的生存与福祉。可持续发展就是能够使人类持续生存的能力，即便技术改变的生态系统暂时不会对人类造成直接的伤害，在没有确认技术不会造成生态灾难的情况下，必须确保工程技术发展不会危害与人类文明共生的现有生态系统。

大自然为人类慷慨地提供了生活基本物质，如氧气和食物。虽然，人类依靠当代工程技术，也能制造这些基本物质，但代价昂贵。例如，航空航天工程需要巨额花费才能开发可再生的供人类在外太空长期生存的生命系统。这是个极具挑战性的工程问题，为了降低制造这些基本物质的成本，仍然需要不懈的研究和探索。

大自然还给人类提供了一些不可再生资源（如石油、煤炭等），这些自然资源是有限的，它们最终将枯竭，而且使用这些化石燃料带来的污染会恶化人类居住的环境（如我国部分地区空气中的雾霾）。因此，必须开发回收技术，使得资源能够被重复利用。事实上，人们已经开始设计和制造一些环保产品，这些产品在其使用寿命完成后，可以拆卸，这些废旧零件中的金属和高分子材料可以回收处理成新的工业原材料，用于新产品的生产。面向这些理念提出的可持续发展策略是，在充分认识到人类生存和改善生活需要的同时，节约资源、保护环境，以获得人类社会的可持续发展。可持续发展要求人们使用可持续的能源，如太阳能、风能、生物能源，并开发核聚变能源。此外，资源保护、回收和不污染环境的工程技术也是人类可持续发展不可缺少的手段。作为工程师，有责任开发能有效利用能源的生产工艺。此外，所有的制造工艺都不可避免地会产生废弃物，不仅需要设法开发能减少废物排放的制造工艺，还需要开发能将废弃物转化成有用产品的技术，或将废弃物转化成能够以安全形式储存的新工艺。

可持续发展又可以表达为所有生命体的和谐共生的生态系统保护，涉及资源的利用、投资、技术发展方向规划以及制度改革。可持续发展按照系统思维的观点可以从环境、经济及社会三个方面进行规划，以可持续发展的工程技术及其相关配套政策加以落实。可持续发展的工程技术具有两个方面的内涵：其一是工程技术本身符合可持续发展要求（即技术本身综合考虑了资源消耗、环境影响及经济发展等因素）；其二是为可持续发展提供支持的工程技术解决方案（提升资源利用效率、减少环境污染及绿色能源等工程技术措施）。作为中国未来的工程师，肩负着国家未来竞争力的使命，不仅要了解和掌握当代工程与技术的先进理念及技术方法，还要充分认识到保护环境对人类可持续发展的重要性。工程技术的发展已经到了迫切需要进行环境保护的阶段，人类不能再做大自然的破坏者，而应该成为大自然的守护者。

综上所述，工程技术与工程师对社会的影响是非常深刻的，影响着人类生活的方方面面，既有积极影响，也存在消极甚至灾难性的影响。开发工程技术不应该只关注经济和市场的驱动和约束，还要关注所开发的技术或产品对社会、环境及人类发展所带来的负面影响。当然，技术和产品对社会、环境及人类的负面影响，可以通过法规的强制手段加以约束（如环保等法规），但由于法规的局限性和滞后性（新技术产品的超前性），大部分新技术和新产品的开发与发布，需要依赖工程师的伦理与职业道德加以约束。

4.4　职业道德

工程作为一个职业，与建筑、医学、法律等典型职业一样，在社会中拥有很高的职业声望，工程师不仅要掌握熟练的专业技能（如通过执业考试等），还要具备良好的职业道德（如进行入职宣誓等）。因此，成为工程师不仅要掌握大量的科学、技术和工程知识，而且要遵守相关的工程行为规范。

4.4.1　工程师的失误带来的灾难

与公务员、律师、医生、药剂师等一样，工程师的工作会对人类和社会的生存与发展产生巨大的影响。工程师的产品（汽车、道路、化工厂、计算机等）推动着社会的发展，因此，工程师的工作对人类及社会的影响大部分是积极的，但由于技术的两面性，工程师认知及个人行为的偶然因素，工程师的工作有时也会对人类社会的发展产生消极的甚至是灾难性的影响。因此强调工程职业道德，无疑会对人类社会的发展产生积极影响。在前述优秀工程师品德中，强调了责任感和诚信，其实，这也是工程职业道德的核心内容。事实上，缺乏工程职业道德所造成的重大工程灾难在历史上并不罕见。

泰坦尼克号（图4-17），是20世纪初建造的最大、最安全、最豪华的邮轮，被认为是"永不沉没"的巨轮。不幸的是，它在首航时就沉没了。船上大约有2200人，但只有20艘救生艇，仅够容纳大约一半乘客，这不是设计的疏忽，而是设计师错误地认为这艘巨轮是不可能沉没的，因而固执地认为不需要设置过多的救生艇。泰坦尼克的设计师显然忘记了人生安全第一这一工程职业道德的基本原则。同样的问题也发生在乌克

图 4-17　泰坦尼克号的沉没

兰的切尔诺贝利核电厂。当时，操作者想要测试在低功耗情况下运行设备的影响，但对该做法可能产生的、威胁人类生命安全的后果未做尽职评估，结果酿成了悲剧，最终导致约 4000 人死于该事故引起的核辐射（图 4-18）。操作人员显然没有考虑非常规操作可能带来的灾难，忽略了安全第一的运行原则。另一个工程事故是美国墨西哥湾石油泄漏带来的生态灾难。2010 年 4 月 20 日夜间，位于"深水地平线"钻井平台发生爆炸并引发大火，大约 36h 后沉入

图 4-18　原切尔诺贝利核电厂

墨西哥湾，11 名工作人员死亡。据悉，这一平台属于瑞士越洋钻探公司，由英国石油公司（BP）租赁。此次漏油事件起因于甲烷气泡引起的爆炸，而防喷阀未能正常起动，最终造成自 2010 年 4 月 24 日起钻井平台底部油井漏油不止的环境灾难（图 4-19）。据美联社报道，自从美国联邦政府监管人员放松设备检测后，数年间数座钻井平台的防喷阀均未能发挥应有作用。这次石油泄漏灾难造成了巨大的环境和经济损失。这次生态灾难，一定程度上是由于美国联邦政府监管人员玩忽职守，违反职业道德所造成的。图 4-20 所示是常见的工程质量缺陷造成的大楼倾斜及道路坍塌。这些工程灾难案例表明工程师所做的任何一项工作，无论是设计、运行或监管，如果缺乏责任感等工程职业道德，都会直接或间接造成不良后果，付出沉重的代价。因此，作为工程师，不仅需要良好的专业素质还需要崇高的社会责任感和优秀的职业道德。

图 4-19　BP 石油公司石油泄漏造成的生态破坏

图 4-20　工程质量导致的事故

4.4.2　工程职业道德

作为工程师受雇于顾客或雇主，为他们提供研究开发等技术服务。因为客户对服务项目或研究课题内容的了解通常不如工程师准确和专业，一般也很难评估工程师的技术建议和解决方案的质量，因此，工程师对客户或雇主存在道德义务。工程职业道德就是所有工程师必须遵循的一系列道德标准，它是对大众道德标准的一个延伸。在国际上，职业道德行为标准已具有很长的历史，工程师和医生、律师等职业一样，是最需要职业道德的几个行业之一。工程师对社会必须履行的义务包括：诚实、公正、勤奋、谨慎，尊重并保护他人的知识产权以及维护人类及其生存环境的安全。

工程职业道德也属于人的行为准则的重要组成部分，人的行为准则也就是传统上所述的"为人之道"。对于工程师来说，工程职业道德是指工程师、其他个体和整个社会之间的一系列预期的行为规范，包括：礼节、法律、道德和职业道德等。法律和职业道德是所有工程师为人之道的底线，而礼节和道德则与文化、种族相关。

1. 礼节

礼节由行为准则和礼仪组成。礼节主要强调社交场合人与人之间的活动、交流及沟通方式。如餐桌上坐几个人，在婚礼上的合理着装，座位安排，聚会的邀请函等。礼节因文化而异，工程师一般是从日常经验中学习到这些礼节，也可从各种书籍中学习。失礼是指在社交场合发生的一些令人尴尬的错误。失礼的后果通常不会很严重：通常会遭到知情者的嘲笑，可能会被认为素质、品味不高，但绝不会进监狱。作为工程师，在工作及技术交流等场合需要注意的礼节有：尊重雇主和顾客，不让同事尴尬，以职业方式接电话，着装整洁，避免不良的个人卫生习惯等。

中国是一多民族国家，作为工程师要了解并尊重各地民俗、礼节，在实施工程项目的过程中，应避免造成非技术性冲突，要营造和谐、友好的研究开发环境。

2. 法律

法律是指由政府机构、社会制定的一系列规则。违背法律可能受到以下惩罚：罚款、社区服务、流放、入狱甚至死刑等。工程师是公民中的一员，必须熟悉并严格遵守当地的法律。

3. 道德

道德通常是指适用于个人行为的是非、对错准则。人们从父母、朋友、媒体等处获

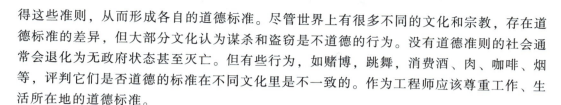

得这些准则，从而形成各自的道德标准。尽管世界上有很多不同的文化和宗教，存在道德标准的差异，但大部分文化认为谋杀和盗窃是不道德的行为。没有道德准则的社会通常会退化为无政府状态甚至灭亡。但有些行为，如赌博，跳舞，消费酒、肉、咖啡、烟等，评判它们是否道德的标准在不同文化里是不一致的。作为工程师应该尊重工作、生活所在地的道德标准。

4. 职业道德

职业道德是来自哲学、神学和专业团体的是非、对错行为准则。大部分的职业均有来自不同文化的成员，他们自然持有不同的道德准则，因此作为专业团体需要制定统一的职业行为准则来规范其成员的职业活动。如律师、法官、医生、教师等都有相应的职业道德规定。

5. 工程职业道德

工程职业是需要高深理论和工程基础知识的重要职业。工程师的工作对所有人的生活质量有直接的、至关重要的影响。工程工作和服务需要工程师具有诚实、公正、公平以及保护大众健康、安全和福利的奉献精神。为了大众、客户、雇主和职业的利益，工程职业道德无疑是道德行为规范的最高准则。工程职业道德包括以下基本准则：

（1）大众的安全、健康和福利永远处于最高优先级别

1）当大众的利益受到威胁时，必须通知雇主、客户或政府主管部门。

2）只同意、批准或签署那些对大众身体、财产、福利和健康符合规定标准的工程文件。

3）除非法律或前述准则规定、批准或需要，未经客户或雇主同意，不得泄露相关事实、数据或信息。

4）在执业过程中，不得将自己或企业的署名用于具有欺骗性的、不诚信的行为或商业活动中。

（2）只提供执业能力范围内的服务

1）只接受通过教育或经验获得任职资格的、特定技术领域的工作任务。

2）对于不了解的领域，或涉及缺乏执业能力的项目或课题任务时，绝不轻易签署任何计划或文件。

（3）发布公众言论时要客观、真实

1）在专业报告、陈述或证词中应确保客观、真实。

2）对技术问题发表公开言论时要以事实为基础。

3）除非预先公开你及利益方的关系，不得对自己及利益方涉及的相关技术问题做陈述、评价或辩解。

（4）做客户或雇主的忠实代理人

1）向雇主或客户揭示所有已知或潜在的利益冲突（是指自身利益与忠诚、义务矛盾的一种状态。这可能导致判断出现偏差。详见下述利益冲突案例）。

2）未经项目所有相关利益方同意，不擅自接受该项目的补偿及经济利益。

3）工程师在公众服务中不应参与涉及自己利益相关的决定（避免利益冲突）。

（5）避免欺骗性行为

1）不篡改、不夸大或误导学术或职业资格，如夸张过去的业绩或成果。

2）不为了确保自身利益而直接或间接提供任何捐款或佣金。

6. 工程师的职业义务

基于工程职业道德准则，可以归纳出工程师应该履行的职业义务：

1）要尊重并维护社会公众利益，服务社会，保护环境，保护社会大众的健康、安全和福利。

2）只在能力范围内行使职权，并在所有的职业活动中保持诚信。

3）要诚实和公正，避免败坏职业名誉或欺骗大众的行为。

4）要表现得体和有尊严。

5）未经现任或前任雇主或客户同意，要严守相关商业或技术的机密信息。

6）不能让利益冲突（下一小节详述）影响到工程师的职责，不受贿，不接受可能妨碍客观判断的礼物和人情。

7）不应恶意、错误地，直接或间接地破坏同事或其他工程师的职业声誉、前途、就业机会，以及恶意批判同事或其他工程师的工作。

8）举报有害的、危险的、非法的行为。在知道同事或其他工程师存在不道德或不合法的行为时，有义务向相应单位或部门举报并提供证据。

9）应该通过与其他工程师和同行交流信息和经验来提升自己的业务水平，不断加强自己的技术能力，并努力创造职业发展和晋升的机会。

7. 利益冲突

利益冲突（conflict of interests）是指专业服务领域（作为工程师执业，事实上也是从事专业服务）的一种现象，即委托人的利益与提供专业服务人员或者与其所代表的其他利益之间存在某种形式的对抗，进而有可能导致委托人的利益受损，或者有可能带来专业服务品质的实质性下降。

专业服务过程当中存在利益冲突必将伤及专业服务的职业精神和特定职业的社会公信力。因此，无论立法或职业道德规范均要求专业服务者或机构有义务采取有效措施避免出现利益冲突。

在工程师执业过程中，当代表的公司或公共利益与自身具有的私人利益之间存在的冲突就是典型的利益冲突。这里的利益，不仅是经济利益，还包括专业利益、个人声誉等。下面通过案例来理解利益冲突这一现象。

> **例** 某公司指派某工程师负责选择一款新型发动机所需的轴承及其供应商。巧合的是该工程师的父亲刚好经营一家轴承公司，工程师是该公司的法定继承人。而且他父亲公司的轴承是最好的轴承之一，完全可以满足公司的产品需求，这时他应该如何做呢？
>
> A：选择父亲公司的轴承，既能保证质量，还能够便于沟通和获得产品服务，是一个双赢的选择。
>
> B：因为存在利益冲突，所以不能选用父亲公司的产品，而选用其他公司的产品。

C：向主管领导或上级汇报，所安排给他的任务存在利益冲突，他应该回避这项工作。

显然应该选择 C。因为答案 A 和 B 没有回避利益冲突问题，从法律和职业道德的角度都是错误的。

在未来职业生涯中，经常会遇到类似上述案例的利益冲突问题。在接受委托后发现存在利益冲突的，工程师以及工程师服务的机构必须向委托人说明情况并主动辞去委托。

8. 法律与道德之间可能的冲突

作为工程师还应该知道如何应对法律和道德发生冲突的情况。以下面的案例来说明，在法律没有规定的情况下，如何用职业道德约束工程师的行为。

（1）法律条款更新或颁布滞后的情况　例如，某化工公司开发出了一种有废弃物副产品的新工艺，内部调查和研究表明该副产品具有很强的致癌性。但由于这种致癌物质是一种新的化学毒物，需要一段时间才能列入政府颁布的违禁排放化学物之列。由于法律条款更新及颁布的滞后，如果该公司向环境中排放大量的这种致癌性物质并不会违背现有法律规定。然而，如果该公司这样做，虽然不违法，但却极其不道德。因为该公司的排放行为污染了环境，损害了大众利益，这时作为工程师应该设法阻止或避免公司这一不道德行为。

（2）法律可能由不道德的政府颁布　在第二次世界大战中，纳粹法律禁止隐藏犹太人，但很多人认为这项法律规定不道德，保护犹太人是他们的道德义务。

（3）道德与法律权利冲突　很多国家有所谓公民言论自由的法定权利，但这不等于说可以口无遮拦。例如，发表种族主义言论或开种族主义玩笑可以是你的法定权利，但全世界都认为种族主义的言论和行为是不道德的。

9. 道德与职业道德的冲突

如前所述，不同文化、种族的社会道德标准会有一定的差异，这些差异可能导致与职业的道德标准发生冲突。例如，"告密"在很多文化中被认为是"出卖"，因而是不道德的。"打小报告的人"是很不受欢迎的，中华文化也一直告诫做人要讲"道义"，不要"出卖"朋友。然而，职业道德规定，当某些机构或个人的言行，会给社会大众的安全、利益及福祉造成威胁时，有义务向有关当局举报他们的言行。举报人表面上被看成了"告密者"，似乎做了不道德的事，但维护了社会大众的利益，所以这样的举报是道德的行为。

4.5　小结

工科需要学习人文知识，不仅可以理解技术发展与社会发展的辩证关系，而且有助于进行以人为本的创造工作。需求识别是工程创新的动力，当代工程与技术已从满足马斯洛需求塔底层（基本生活需求）阶段，逐步发展到满足需求塔上部（人类精神文明需求）阶段。工程技术是推动社会向前发展动力。工程与技术也会有副作用，这些副作用可能危及环境、可持续发展甚至人类自身健康。因此，工程技术的发展需要系统考虑社会发展、环境保护、伦理道德及法规的要求，只有这样，才能在发展满足人类需求的工程技术的同时，最大限度地将其潜在的副作用控制在最低的程度，达到真正造福人类的目标。

任何道德准则都很难涵盖所有可能的道德状况。但大部分人都有感知是非的能力，使得行为符合道德规范。作为工程师，要遵守法律，但也要严守职业道德底线。工程职业道德体现在两个方面：其一，作为工程师自身应避免违背职业道德；其二，作为工程师维护人类及其生存环境的安全是义不容辞的职责。

习题与思考题

4-1　简述人文知识和思维方式对工程师的重要性。

4-2　举例说明现代工程技术对精神文明发展的贡献。

4-3　什么是生态系统？

4-4　什么是可持续发展？

4-5　简述保护生物多样性对人类的重要性。

4-6　工程技术的发展给人类带来了哪些正面和负面的作用？

4-7　简述人类需求与工程技术的关系。

4-8　为什么需要定义职业道德？

4-9　什么是利益冲突？

4-10　职业道德会和法律冲突吗？

第 5 章

工程执业能力与素养

本章学习目标

1. 能够理解知识、技能和能力的关系。
2. 能够认识和理解工程执业能力的要素。
3. 能够理解执业素养的要素。
4. 能够认识和理解社交能力的要素，能够自我认知。
5. 能够掌握团队合作的要点及核心理念。
6. 能够掌握口头技术交流要点并能进行有效的口头技术交流。
7. 能够掌握书面技术交流要点并能撰写常用技术文件。
8. 能够理解工程职业团体的重要性。

5.1 工程师应该具备的能力与素养

知识是工程师不可或缺的基础要素，工程师应该具有科学、数学和经济学知识，但最重要的还是要掌握工程执业能力（技术能力）并具备优秀的执业素养。技术能力通常也就是所谓的硬能力，体现为解决工程实际问题的能力，包括严谨的科学演算、推理，还包括工程设计、制造及校验方法，同时还需要掌握一项或多项专门技术（如信号处理技术、编程技术等）。执业素养通常也称为软能力，体现在职业道德、沟通能力及团队合作能力。传统大学教育对前者有系统的教学方法，而后者则难以采用纯粹的课堂讲学提升，主要通过科研实践以及社会实践的方式加以提升。在实际工作中，工程师除了具备过硬的执业能力外还需要具备优良的执业素养才能给社会创造价值。成功的工程师需要养成诸多优良品质，不仅需要技术能力（创造能力）和沟通能力，更需要诚信、责任心和锲而不舍的毅力。

5.1.1 技术能力

企业或社会雇佣工程师是因为工程师拥有相当的知识和熟练的工程技能。一个没有正确工程理念和技术能力的工程师对于雇佣单位几乎没有任何价值。大学的工程课程（如工程学导论、工程力学、电工学、测量与控制技术、设计与制造系列课程等）是培养正确工程理念并提高工程技术能力的有效途径之一。大学里，工科学生不仅要学习科学理论，还要学习工程技术知识，更重要的还要学会解决简单问题和复合问题的方法。由于工程思维方式特点，工程教学方式也与科学理论教学方式大不相同。工科学生应该通过学习和练习实战工程项目，掌握解决工程问题的能力，从而获得并提升自己的技术能力。工程师的技术能力体现在以下几个方面：

1. 逻辑思维与量化思维能力

工程师依据科学方法、逻辑推理进行决策。建立在逻辑和实验基础上的数学和科学，是工程学及工程思维的基础。工程能力强调量化能力，即将定性的想法转化为定量的数学模型，然后利用数学模型做出合理的判断和决策。量化思维能力涉及定性思维与定量思维，即如何通过定性与定量模型解决工程问题。

（1）定量模型　定量模型传统上一般以数学模型的方式表述。在中小学学习数学与物理等自然科学课程时，会学习到很多定理，这些定理大多是以数学模型（公式）来描述的，如大家非常熟悉的牛顿定律，就是描述物体运动、质量与力的定量关系的数学模型。在大学期间所受的工程教育也主要集中在定量模型的分析能力上。例如，高等物理、理论力学、工程热力学、电学等课程都包含大量的定量模型。为了掌握这些定量模型，需要在学习过程中求解大量习题，以培养分析能力。当然这些课程里也会包括课程实验或实践内容，以培养学生应用定量模型分析实际物理或工程系统的能力。大学期间学到的这些定量模型，是获得工程问题解决方案的重要基础与源泉。

下面通过常见的落地式大摆钟的设计，说明定量模型对大摆钟产品开发的意义。钟摆的周期，即来回摆动一次花费的时间，决定了时钟的准确性，因此是大摆钟设计需要解决的关键子问题。在中学物理实验课中，通过观察系在线上的摆动石块，发现线越长摆动的周期也越长。因此，要准确设计摆钟，需要确定线长与周期的定量关系，由物理学知识可以了解到，当位移角 θ 很小（<15°）时，钟摆的周期 T（钟摆回到初始位置花费的时间）与摆长存在近似的定量关系，即

$$T = 2\pi\sqrt{\frac{L}{g}} = \frac{2\pi\sqrt{L}}{\sqrt{g}} = k\sqrt{L} \tag{5-1}$$

式中，L 是摆长（旋转中心到钟摆质心的距离）；g 是重力加速度（9.8m/s²）；k 是比例常数。

从式（5-1）数学模型可以定量确定周期与摆长的关系。然而该模型只适用于 θ 很小的场合。事实上，从工程实际的角度，即使 θ 很小，该定量模型也只是近似描述了钟摆周期与摆长的关系，即模型存在一定的误差。因为建立该定量模型时进行了简化，忽略了一些客观存在的因素，如空气阻力、旋转中心的摩擦力、钟摆在空气中的浮力等，这也就是为什么机械时钟经常需要对时的原因。如果要提升时钟的准确性，需要考虑补偿钟摆周期与摆长的定量模型所产生的误差，即考虑各种影响因素并进行补偿。例如，因为空气密度随海拔变化而变化，准确的模型还应该考虑这个因素，尽管钟摆的高度变化只有几厘米。此外，认为重力加速度 g 是常量也不完全正确，事实上，g 随着离地球中心的距离的增大而减小。这时，更精确的模型还应考虑钟摆来回摆动时高度的变化所

引起的 g 微小变化。如果再进一步追求精度，模型还应包括金属摆在地球磁场中摆动所形成的涡电流的影响。因为光会对物体施加一个微小的压力，精确的模型还应考虑光压的影响。综上所述，可以发现，考虑所有影响因素的钟摆完整定量模型极其复杂。在工程实践中，不可能、也完全没有必要建立考虑所有因素的完整数学模型，只需要考虑主要因素，而没有必要采用所谓的完整数学模型。但作为工程师，在设计最终的产品时，需要认识到所采用的模型是简化的定量模型，所以有时需要对模型中未考虑到的微小影响因素加以调节或控制，这样才能使所设计的产品适应实际使用环境中的细微变化。对于落地式大摆钟的例子，通常会在钟摆上设计一个调节螺母，以通过微调摆线长度来适应使用环境的变化，从而提高摆钟的报时精度。

作为工程师，需要牢记定量模型的简化与假设条件，在设计中尽可能采用"调节螺母"，以使得设计的产品性能达到最佳。

定量模型是工程师进行产品开发与设计的基础。从事基础研究的自然科学家或工程科学家提供了大量的关于自然规律的定量模型，这些定量模型大部分会以论文的形式发表于期刊或会议论文集中，其中被反复验证的定量模型会成为可靠知识编入相应的教科书，成为课程学习的重要内容。

需要认识到，教科书、论文中的定量模型大多是经过提炼、简化的模型。这些模型直接应用于工程实际，还需要考虑很多实际存在误差，这时需要根据工程实际，对定量模型的分析结果或结论进行评估甚至修正。

工程师经过了十多年的正规教育，已经非常擅长解决基于定量模型的各种问题，因为它们最终都归结于数学模型的求解。从中小学期间的解方程，到大学期间的数值迭代求解，都是基于精确的定量模型和不断提升的严谨的分析能力。在大学期间，工科学生还将学习高等数学、高等物理、固体力学、热力学、流体力学、电学及机构学等，这些课程同样提供了大量准确的数学模型知识，而且教学过程在传授工程专业知识的同时，会进一步提高学生的定量模型分析能力。

（2）定性模型　作为未来的工程师，需要上述扎实的定量模型理论基础及严谨的数学建模与分析能力，然而在工程实践中，有时没有足够的时间和资金建立准确的定量模型，所以在很多情况下，需要基于定性模型的判断进行方案选择、可行性分析。因此，定性模型分析的能力在一定程度上，更能体现一个优秀工程师的经验与基本职业能力。

自然现象中，有些规律或现象有时无法用确切的数据进行定量描述，但仍然可以观察到一些趋势性的规律，对这些规律进行宏观的评估或描述就得到所谓的定性模型，如下述的收益递减规律就是通过大量的观察和经验积累获得的定性模型。当然，也可以从定量模型归纳出定性分析方法，如立方平方法则。

1）收益递减定律。很多工程系统或产品的性能（或输出）具有如图 5-1 所示的 S 属性。当输入特别小或处于新产品的初级阶段时，输出增长缓慢；随着输入进一步增大或经过一段时间的积累，输出与输入与时间呈线性增长关系；当输入进一步增大或时间周期进一步增长时，输出不再快速增长，而趋于平稳。S 曲线两端的非线性区域存在收益递减现象，即随着输入增加输出增加很小，甚至不再增加。例如，在设计产品时所花的时间和资源越多，则产品存在的疏漏之处就越少，其质量也越好。这时时间和资源是输入，产品质量是输出。特别是在产品设计早期阶段，产品质量随着投入时间和资源的增加而急剧提高。然而，当质量改进达到一定程度以后，增加产品开发的时间和资源并不再能明显改善设计。这是由于产品方案的固有特性决定的，当产品功能改进到一定程度后，通常会达到所谓的"饱和天花板"，进一步改进的余地已经非常小，这也意味着该产品技术方案已经接近其顶端，相应的产品解决方案也到达其技术生命周期的末端，这时需要抛弃该产品或所使用的技术，去挖掘新的产品解决方案。事实上人类文明的进步过程就是新的产品淘汰旧的产品的过程。这方面的案例层出不穷。例如，算盘是我国古代的著名产品之一，在我国广泛使用了数百年，计算效率取决于使用者的熟练程度及其反应速度，当然其计算速度很快就到达 S 曲线的天花板。要进一步提高计算效率和速度需要开发新的技术。一直到 20 世纪 60 年代电子计算机的出现，计算效率才得以大幅度突破算盘的效率天花板，算盘也随之逐渐变为历史文物。

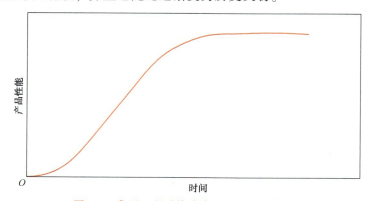

图 5-1　典型工程系统或产品的 S 性能曲线

另一个案例是涉及生产工艺过程的。例如，向农田施化肥，农作物产量会提高。这时化肥是输入，农作物产量是输出。施加少量的化肥将大大增加农作物产量。但大量使用化肥却不一定能增加产量，而且每单位增加的化肥所获得的收益会因化肥的成本上升而降低。这是农业工程师在设计农作物生产工艺系统时遇到的收益减少现象。

事实上，如图 5-1 中所示的横坐标可以定义为更广泛意义上的"投入"，纵坐标为"产出"。作为工程师，要牢记该规律，避免过度投入而浪费资源。

2）立方平方法则。立方平方法则是工程师应该掌握的常用定性模型。立方平方法则表明当一个物体变小时，体积的减小比面积的减小要大得多。因此，随着物体的变小，表面积-体积比将显著增加。这个定性规律可以通过球体加以证明。球的表面积 A 为

$$A = 4\pi r^2 \tag{5-2}$$

体积 V 为

$$V = \frac{4}{3}\pi r^3 \tag{5-3}$$

表面积-体积比为

$$\frac{A}{V} = \frac{4\pi r^2}{\frac{4}{3}\pi r^3} = \frac{3}{r} \tag{5-4}$$

式（5-4）表明表面积-体积比随着半径的减小而增大。

立方平方法则是工程及社会实践中最重要的定性法则之一，下面是应用该法则进行方案选择的典型案例。

例 5-1　确定将 500 名乘客从北京空运到香港的最节能的方式。

可以选择五架 100 座的飞机或一架 500 座的飞机。克服空气阻力所需的燃料多少由飞机表面积决定，而乘客容量由飞机体积决定。因此，要提高燃料利用率，需要选择表面积-体积比小的飞机，所以一架大飞机比五架小飞机更合适。

例 5-2　储存 50000L 柴油的方式。

可以有两种选择：一个 50000L 的油箱和五个 10000L 的油箱。油箱卖家按金属质量而不是体积收费，所以，在很大程度上油箱的费用是由表面积决定的。因为大油箱的每单位体积的表面积较小，所以购买一个大的油箱比购买五个小的油箱更经济。

3）增加大应力处的材料。在进行产品及大型结构件设计与开发时，应该尽可能用较少的材料实现产品功能，主要因为：

① 大多数产品的成本与它们所用的材料量直接相关。因此，减少材料使用量能降低产品成本。

② 建筑物承重柱的尺寸与数量与其支撑的质量成正比。如果建筑物过重，则增加的承重支柱尺寸和数量将占用建筑物的可用空间。

③ 汽车越重所需的燃料越多。减少汽车材料使用可以达到节能的目的。此外，重的汽车需要大功率的发动机来驱动，而轻的汽车仅需较小功率的发动机来驱动。

④ 将物体送入地球轨道的成本大约是 6 万 ~ 12 万元/kg。减少载荷就能降低发射成本。

⑤ 便携式的产品（如笔记本式计算机）越轻便越能被用户所接受。

产品质量可通过增加大应力处的材料来减少。例如，两端支撑的矩形横梁，在其中部施加载荷时，材料的上半部分受压，下半部分受拉，中线处应力为零。这时可以考虑把梁中部的部分材料去除，然后添加在上下两端，这样可以在同样质量的材料下，大幅度提高梁的强度和刚度。这就是常见的工字梁的设计准则，在大型建筑中得到广泛使用。再例如，就是中学里学过的水库大坝的受力情况。随着水深增大，压力也增大，所以大坝底部的压力很大。为了适应不同深度的压力，大坝通常设计成底部宽上部窄的梯形结构。

在不同工程领域还存在大量的定性规律和模型，需要通过学习、工作和实践去体会与积累。

2. 好奇心与创造力

工程师必须不断学习和加深对自然世界的理解。成功的工程师总是充满好奇心，喜欢问为什么，只有这样才能抓住工程中的关键问题。工科学生很容易在本科学习初期阶段感受到工科不需要创造力的错误印象。因为大多数的工科课程仍然强调基础理论及分析能力，这些课程中的问题大多经过提炼和简化，学生在课程学习中需要做的通常是通

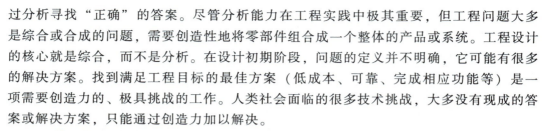

过分析寻找"正确"的答案。尽管分析能力在工程实践中极其重要，但工程问题大多是综合或合成的问题，需要创造性地将零部件组合成一个整体的产品或系统。工程设计的核心就是综合，而不是分析。在设计初期阶段，问题的定义并不明确，它可能有很多的解决方案。找到满足工程目标的最佳方案（低成本、可靠、完成相应功能等）是一项需要创造力的、极具挑战的工作。人类社会面临的很多技术挑战，大多没有现成的答案或解决方案，只能通过创造力加以解决。

3. 常识与工程判断能力

工程实践中有很多课堂上无法学到的常识或经验知识。缺少这些常识或经验知识可能是灾难性的。例如，学校在建造新图书馆时，需要设计整个图书馆的支撑基础。工程师和往常一样详细设计了支撑整个建筑的基础，但忽略了图书馆中图书的质量。由于图书的额外载荷，会造成图书馆逐渐下沉。类似的因缺乏工程常识造成质量事故的案例很多。作为年轻的工程师需要和有经验的工程师一起工作，才能不断积累工程经验知识，提升工程判断力，避免工程质量事故的发生。

4. 书籍收藏、技能储备与继续学习能力

工科学生在接受正规教育期间，需要购买很多教科书。有些工科学生在课程结束后就将教材卖掉或丢弃了。如果教科书与职业紧密相关，将它抛弃掉实在不是明智之举。使用过的教科书应该成为最有价值的私人参考书，因为在课程学习过程中会在教科书上进行标记和注释，这些标记和注释能帮助在很多年后迅速回忆起所学知识或方法。毕业之后，应该继续购买相关手册和专业书籍。因为拥有专业知识才能获得工程问题的解决方案，而这些书籍就是所需专业知识的最好来源。

在大学期间，作为未来的工程师，不仅要学习科学及工程知识，为未来的职业发展打下良好的理论基础，而且还要尽可能多地掌握各种工程技能。虽然工程技能对于不同的工程专业领域具有不同的具体要求，但现代工程领域，大多要求工程师掌握工程制图能力、计算机编程能力、有限元分析能力、实验与试验系统设计及实施的能力、数据采集与分析能力（信号处理能力）、机械设计、电路设计、单片机系统开发、可编程控制系统开发以及产品设计与开发能力等。这些是现代工科大学生都需要掌握的基本工程技能。这些工程技能，大多始于大学期间的课堂教学过程，但还需要在实际研究与开发工作中反复应用才能加以掌握。由于现代科技的发展，对工程技能的要求也与时俱进，作为工程师，需要终身学习新技术及新技能，才能适应工程技术发展的需求。例如，计算机编程技能、有限元分析技能就是两个典型的需要不断学习和提升的工程技能。

本科的工程学习仅仅是工程师终生学习的开始。要求大学教师在四年内将所有相关工程的知识和技能传授给学生是不切实际的，也是不可能的。在大学毕业之后，要面临大约四十年的职业生涯，这四十年中，知识和技术将大幅发展。如果不能不断学习和接受新知识，将很快因无法应对新的工程技术挑战而被淘汰。因此，大学四年的工程学习，不仅是知识的积累、工程技能的培养，也是学习能力的提升过程。

5.1.2 执业素养

在掌握了工程（理论）知识和技术技能以后，如何应用这些知识和技能进行有效

的工程产出是工程师实现其价值的关键。事实上，工程技能的提升速度和程度依赖于工程师的工程经历（通常所称的机遇），这些经历对工程执业能力的发展起着决定性的作用。

综合能力的培养不是大学课程教育就能完全实现的，它需要更多的课程外学习及长时间的工程实践积累才能实现。因此，优秀工程师需要优秀的"综合能力"，学习和工作上的杰出能力（课程学习中名列前茅或熟练掌握某项工程技能）只是其中的重要品质之一。要成为优秀的工程师，还需要提升个人品德或素养。

1. 诚信、责任感、工作态度及持续努力

工程技能在工作中是很重要的，但诚信更重要。不诚信的员工对用人单位来说不但毫无价值而且会造成损失。缺乏诚信的人，通常是自私自利的，且会为个人利益，牺牲集体利益，这无疑会给用人单位造成损失和伤害。因此，只有遵守诚信原则，才能成为优秀工程师。

责任感是一个人对自己、自然和社会（包括国家、社会、集体、家庭和他人），主动履行积极有益作用的精神状态。责任和责任感有着本质的区别，责任是人分内应做的事情或必须履行的义务，通常需要一定的组织、制度或者机制加以督促，因此，责任具有被动的属性。责任感是一种自觉、主动履行分内分外一切有益事情的精神状态。责任感作为心理学概念，属于社会道德心理的范畴，是思想道德素质的重要内容，也是工程职业道德（见第 4 章）的基础。人的责任感的形成和增强除受意识形态和社会文化环境的影响外，主要靠教育，包括自我教育。毋庸置疑，责任感是优秀工程师必须具备的重要品质之一。

宝贵的、有价值的工程经验知识以及工程技能的提升往往来自于看起来枯燥乏味甚至艰辛的琐碎工作。很多工程或技术项目要花费几年甚至几十年的时间。工程师应该在整个项目过程中保持积极的工作态度，避免急功近利，才会在工程项目中提升自己的工作能力。作为未来的工程师，需要从身体和精神上做好准备。与舒适的课堂环境不同的是，现实的工程环境可能是艰苦的（如高温或低寒、嘈杂的车间或施工现场），再加上不断出现的、出乎预料的工程难题，会造成极大的心理压力。面对这些艰辛和压力，永不放弃及积极的工作态度是作为工程师所必须具备的良好职业素质，这种坚持不懈的工作态度往往也是获得丰富工程经验知识的必要条件。

无疑，大学期间掌握扎实的工程理论知识是成为杰出工程师不可或缺的基础，但获取工程经验知识、具备终生学习的能力以及不断提升工程技能的进取心，才是未来获得成功的关键。

2. 社交、表述能力

在当今全球一体化进程中，工程系统及产品所需要的零部件或子系统往往产自世界各地。工程师为了完成自己的工程目标（如获取所需要的零部件、子系统，推销自己的产品等），不可避免地需要与经济社会中不同文化背景、不同教育程度、不同个性的人群进行沟通、交流及合作，掌握与这些人的交流技巧，了解各组成单位或个体的动机、社会和经济地位以及人格特征差异，从而采取相应的对策，是当代工程师必须具备的基本社交能力（将在 5.2.2 节详细介绍）。

尽管工程课程强调科学和数学内容，然而，大部分执业工程师抱怨他们需要花80%的时间进行口头以及书面的信息交流。不管新产品是机械零件、电路，还是新的计算机代码的流程图，工程师都需要用工程图样进行描述或表达。工程师需要以报告的形式记录测试结果；在工作中撰写备忘录、手册及建议书，甚至向商业期刊发表技术论文；工程师需要向潜在客户进行产品推介，在技术会议上做口头陈述；需要和制造其所设计产品的工人交流；还要向公众解释他们的工厂在当地经济中的地位和影响，并回答公众提出的安全及环保问题。所有这些工作内容，都需要工程师具有良好的口头及书面表达能力（将在5.3节详细介绍技术交流技能）。

3. 领导力与组织能力

领导力是成功工程师必须具备的技能之一。领导力体现在两个方面，其一是带领团队进行工作的能力，其二是与上级领导协调的能力。第一方面很好理解，带领团队的能力主要体现为沟通与协调能力。对于第二方面主要体现在，具有良好领导力的工程师不会盲从，会根据具体情况提出满足全局需求的计划与上级协调。此外，如何成为好的下属也是培养领导力的一个重要方面。

大部分工程项目都是极其复杂的。例如，土木工程中要完成大楼工程建筑的建设，有大量细节需要协调。所建筑的大楼大多由成千上万个零部件组成：梁、管道、电线、窗户、电灯、计算机网线、门等。由于这些零部件是相互关联的，所以，这些零部件必须以相互协调的方式来进行设计。所有的这些零部件又需要从不同的供应商处购买，并按不同时间节点运送到建筑工地。还有安排建筑施工人员在这些零部件运送到场后，将它们有序地安装在正确的位置。这些工作都是在工程师的组织安排下进行的，因此作为工程师，必须具有良好的任务分配能力及时间管理能力，才能安排好施工的进度和质量，并保证工期和成本不超过工程预算。

4. 时间管控与工作可靠度

很多工作任务都是有时间节点的。作为学生，作业、报告、考试等也是有规定期限的。如果作业和报告经常迟交，就会养成不按时完成任务的坏习惯，这对未来的工作是极为不利的。因为经常不能按时完成任务，会严重影响整个团队的工作进度，表现为工作可靠度差，难以赋予工作重任，自然得到职业发展和提升的机会也随之降低。所以，应该努力培养自己严谨的工作习惯，提高工作可靠度。

5. 重视职业团体或专业组织

工程师加入工程职业俱乐部和组织，可以从这些组织的定期活动中获得有价值的专业信息和发展动态。同时，认识大量的同行，建立广泛的合作与交流人脉，增加自身的工程执业能力和职业机会。

5.2　社交与团队合作技能

5.2.1　技术团队

现代社会发展对产品或系统的设计与开发提出了新的要求，新的、能满足大众需求的产品不仅需要个人的天赋，更需要团队的合作。由于现代产品的复合性程度日益提升，再加上新技术层出不穷，工程师凭借个人能力解决产品的发明与开发问题的难度急剧增大。这时依赖技术团队解决发明与开发过程中面临的各种问题已成为保证产品竞争力的关键。事实上，产品技术发展是一个复杂的过程，它通常是一个技术团队相互协调、共同努力的结果。产品的技术团队通常由科学家、工程师、技术专家、技师、技术工人以及用户组成。

如前述章节所述，科学家是研究自然并不断积累和发展人类知识的基础研究工作者。尽管大部分科学家从事的研究及公开发表的成果不直接涉及产品发明与开发，但也有为数众多的科学家在大学、研究机构及企业中从事涉及产品发明与开发的基础研究课题。当技术团队遇到的技术瓶颈涉及共性的基础科学问题时，他们便成为解决问题的重要力量。

工程师在研究开发团队中起着核心及决定性的作用，他们需要综合科技、数学、工程学甚至经济学知识，来解决产品发明及开发过程中所面临的所有问题。

技术专家运用科学、工程和数学知识解决定义明确的问题，他们非常熟悉所从事的细分技术专业领域。一般具有学士学位的技术人员经过一段时间的专业培训和实际工作就能成为很好的技术专家。

技师（一般毕业于应用技术学院）通常完成一些特定的任务，如绘图、完成实验或试验工作和样机制作与调试。

技术工人（一般需要经过职业技术学校的培养）拥有一定的手工技术（如焊接、机械加工、木工），他们负责完成团队交付的有关零部件的制造或制备任务。

用户往往是技术团队的中心，发明或技术开发的产品主要为用户服务，在产品发明或开发过程中需要不断与用户沟通与交流，使得研发的产品从功能、寿命及成本三个方面满足用户的真实需要。

毋庸置疑，随着国际合作的不断发展，技术团队会由不同教育背景、经济背景甚至不同种族的人组成。技术团队的效能依赖具有不同个体特征的队员的紧密合作。而组成技术团队人员可能在以下各个方面具有不同的特征：智商、个性、创造性、教育水平、爱好、头发颜色、肤色、体重、身高、年龄、身体强度、性别、种族背景、国籍、语种、父母教育情况等。可以列出的特征很多，且每个特征又有诸多变化，因此，技术团队中的每个人都是独一无二的。了解了技术团队中各人员的多样性，就能理解技术团队中的成员彼此的区别。

不可否认，团队的多样性可能是有利的也可能是不利的，这取决于如何利用它。当不同背景、不同能力的人齐心协力解决技术问题时，多样性是有利的。事实上，团队成员多样性的优势已得到普遍的认可。例如，中国有句古话叫作"三个臭皮匠赛过诸葛亮"。这句简单的谚语揭露了一个事实，一个人可能没有解决复合、复杂问题所需的所有能力，但大家合作起来，就具备了解决问题所需的复合能力。因此，一个多样化的团队会有很多不同的观点和想法，这些想法中不乏有价值的、潜在的创新方案。例如，传统的汽车设计团队成员全是男性，现在也有女性加入其中。女性队员的加盟可以引进汽车设计的新思路，能使汽车更安全、更受女性欢迎（因为女性客户在汽车消费群体中占约 50%）。

如果团队成员因为有个体差异而无法沟通，甚至造成彼此间的信任缺失，就很难朝着共同的目标努力，这时，多样性就变成了不利因素。这种潜在的不利因素来源于人类两个常见的倾向：宗派主义和偏见。在人类历史的大部分时间，人们是生活在由相似成员组成的部落中。当外来者进入部落领地时，族人对他们表示怀疑，把他们当成潜在的敌人，这就是宗派主义。人类在理解世界的过程中，都会通过自己的观察对人、事物、现象等进行概括，但有时这种概括过度了，就成了偏见。例如，去看一场篮球赛，可注意到篮球队主要由个子高的人组成。赛后，如碰到身高 2m 多的人，就可能认为他或她是打篮球的，而事实上，他或她可能对篮球毫无兴趣。宗派主义和偏见忽略了每个人都是独立个体的事实，很容易把群体的特征强加给单独个人。在团队合作过程中，认识不到同事的真正个性、品质会使工作关系无法维持。因此，团队合作中，要注意克服宗派主义和偏见。

5.2.2　社交能力

工程师的工作是面向社会，不仅需要与同一技术团队的同事合作，还需要与团队外的社会交往。社交能力与人的性格密切相关，具有一定的天赋属性，但社交能力是可以通过职场工作或训练提升的。社交能力主要涉及适应性、冲突处理、谈判技能、交流技能、说服技能、自我肯定、团队合作及自知能力等方面的内容。

1. 适应性

适应性是人类生存、发展、创造、学习乃至成功的第一能力。适应能力包括自我管控能力（自信、时间管理、自理能力及自我激发能力）、开放的心态（积极思维和乐观主义）、决策能力等。

面对变化的工作环境或职业氛围，自我管控能力首先要求相信自己，只要去努力，就可以达成工作目标。然后需要具备时间管理能力，即能确定可实施、能达成、有时间完成的目标，并对这些目标按轻重缓急进行排序，优先安排紧急、重要的事情。自理能力也是适应能力的重要组成部分，自理能力就是对涉及自身的各种任务或资源进行分类梳理的能力。良好的适应能力则需要具备自我激发能力，即能够自己制定短期、中期及长期的工作目标并确定可行的实施方案加以实现。

开放的心态是指对新思想和变化保持开放的心态，善于拥抱新思想。而积极思维和乐观主义则是指以积极和建设性的方式面对不符合预期的新环境或不愉快的工作制度变革。积极思维和乐观主义包括压力管控、应对能力及遇事冷静对待等内容。可以通过聆听音乐、做理疗、锻炼身体、户外散步等进行情绪和压力管控。而应对能力可以是面向情绪的也可以是面向问题的。面向情绪的应对方法可以采用前述压力管控的策略加以实施（分散对焦虑点的关注度），而面向问题的应对策略可以通过寻求外部支援、时间管理、问题界定（聚焦核心问题）及确定解决问题的行动步骤加以实施。遇事冷静对待就是在困难或挫折面前保持平静，聚焦积极因素，相信自己能够妥善处理，能避免粗鲁的态度和冲动的行为。

决策能力包括收集并选择信息的能力、寻求解决方案的能力、分析能力、选择最佳的方案以及评估自己计划的能力。决策能力是在辩证思维、积极工作及持续努力中逐步积累起来的。

综上所述，适应性就是要有柔性，避免思维和行动僵化；适应性就是努力去应对变化，而不是感到沮丧；适应性也是沉着冷静面对不符预期之事，而不是固执己见，拒绝接受。适应性允许他人有自主权，而不是强迫他人按照自己的意愿行事。

2. 冲突处理

在工程师工作中，与社会交往，难免会出现各种冲突，如何面对和处理冲突对于开展工作甚至生活都具有极其重要的意义。冲突处理首先要识别冲突。冲突的根源可能是误会、分歧、非故意的冒犯、竞争等。识别冲突之后需要评估其重要性，要确认该冲突是否值得耗费时间和精力去协调解决。如果确认了冲突的重要性，就需要有效传递信息，要控制情绪，礼貌表达。同时也要换位思考，考虑冲突对方的感受或诉求。通过谈判，了解双方的诉求，做出合理的妥协，期待获得双赢的结果。

冲突发生后需要理解自己的角色。是强势方或既得利益方，弱势方或利益损失方还是无利益纠葛的旁观者，无论是强势方还是弱势方，都需要冷静分析对方的诉求，发现冲突点，以达成共识为目标，考虑各自的退让或妥协方案。作为旁观者，需要从客观、公平和公正的角度去协调冲突双方，促使其达成共识。解决冲突的过程中，一切行为都必须要以道德和法律为底线。

3. 谈判技能

工程师的工作中，很多环节都需要用到谈判技能，如原材料询价、与客户或供应商合作以及解决各种工作冲突等。谈判技能涉及交换与退让策略、提问技能、倾听能力、建立和谐关系、定义本方底线及定义本方理想结果以及不同谈判对象或方式的应对策略等。

交换与退让策略不是单纯的放弃，是以系统或全局思考的模式，放弃部分利益，获得全局或系统利益的重要举措。如产品、服务或技术开发项目洽谈时，合作条款都会确认各种的义务和利益，合理采用交换或退让策略，可以优化本方成本、资源或利益，达成双方共赢的合作。

谈判过程中的提问要简短、直接、清晰并采用常用词汇。提问的内容是启发式的、全面的，且导向恰当，与主题相关。

谈判过程中应认真倾听对方的陈述，专注于发言者，尊重其发言的权利。控制回应冲动，避免打断发言者，还需要关注发言者肢体语言（详见后续交流技能）。

谈判过程中，要诚实、守信且态度诚恳，言谈举止礼貌，营造和谐的合作关系。

谈判过程要明确本方的底线，所谓底线是指涉及本方最重要的诉求、核心利益等，舍弃不必要的、非核心的诉求。即抓重点，避免面面俱到。有时特别想要的诉求其实不是本方最需要的，考虑重要诉求是否存在可以替代的方案。梳理本方诉求，按重要性、紧迫性进行排序。确定本方需要达成的理想诉求的数量及质量。避免次要诉求干扰重要诉求的达成。

对于国内、国际等不同的文化背景，谈判的方式需要考虑不同语言、文化的习俗、思维及行为习惯，确保信息交流有效、准确，减少误判。

4. 说服技能

说服技能是非常重要的职业能力。无论是申请职位、申请科研项目、推销服务或产品都需要说服能力。说服技能的要点包括理解说服对象、表达诉求（目标、态度、主题及立场等），组织并列出支撑证据，组织关键点并选用恰当的言辞等。说服技能包含口语与书面两方面的能力。无论是口语或书面说服能力，关键都需要识别和理解你的说服对象，针对性的准备说服对象期望提供的证据。

5. 自我认知与自我肯定

自我认知和肯定在社交和工作中都非常重要。自知能力涉及对自己性格、能力、兴趣及价值观取向的客观分析与认识。

人的性格特征主要有内向型性格、外向型性格及中间型性格。内向型性格追求完美、强调逻辑、组织严谨、分析细致、善于质疑、行事谨慎，喜欢宽松的环境，期待关怀与鼓励，有耐心、愿意分享。而外向型性格则决心大、竞争意识强、干劲大、充满活力，喜欢率先行动，热情、善于启发、激发力强，很合群但对他人期待也高。中间型性格介于内向和外向性格之间，可以和人同处，也需要独处；能独立工作，也能进行团队合作；愿意说出自己的想法，也可以沉默寡言；在一定的情况下可以很外向。对于自我性格的认识，可以帮助了解自己性格的固有属性，在以后的工作中做到扬长避短，更有利于达到工作目标。

个人的能力涉及前述硬能力及软能力。硬技能包括实用技术（编程、设计等）、语言能力（外语等）、解决问题的能力、学位证书及资质证书等。软技能包括交流能力、团队合作能力、领导力、创造力及时间管理能力。对于个人能力的认知，可以帮助综合评估自身能力，努力学习并提升执业能力。

个人兴趣涉及工作和生活取向。个人兴趣包括运动、旅游、阅读、音乐、绘画等，有些人从个人兴趣中发现了自己的天赋、朋友甚至人生目标。个人业余爱好不仅有助于消除工作和生活中的各种压力，也有利于工程师创造力的培养和发展。

个人价值观对于工程师未来的发展起着决定性作用。个人价值观涉及家庭观、社会观、职业观、财富观、成就观、朋友观、爱情观以及健康观等因素。家庭观是对家庭与社会的关系、工作与生活的关系的有关理念的认知，在很大程度上会影响个人的职业发展方向和定位。社会观是个人对社会的认识，理解利他主义（如乐于助人、雷锋精神等）对社会进步和发展的重要性。职业观和财富观是在家庭观和社会观的基础上形成的职业发展规划以及对财富的获取与使用的认知。成就观属于人类需求的最高端需求，是个人自我价值实现和突破的最高境界，成就观不完全是趋利的，成就和财富没有必然的联系，成就涉及对人类做出贡献的追求。朋友观、爱情观及健康观是人满足基本需求的认知，和成就观一样涉及人的幸福观。

在正确进行自我认知后，需要结合自己的优势，从以下几方面进行自我肯定。

1）我是一个能胜任工作、有自信的人。

2）我是一个有吸引力和有趣的人。

3）我能在会议中提出有意义的建议，人们会听取我的意见。

4）我有正确的价值观，我对未来有积极的规划。

5）在变化的环境中，我总能找到发挥作用的机遇。

6）我很独立，不依赖别人的肯定而进行工作。

5.2.3　团队合作技能

团队合作技能涉及冲突管理、任务指派、倾听、合作、协作、协调、创意与设想交流、调解和协商等内容。

冲突管理类似自控能力中所述的解决冲突的策略，但在团队合作中需要按照竞争和合作的程度进行考量，核心还是妥协，避免中低水平的竞争，竞争程度高的冲突，强调协商与合作。需要管控情绪（避免过激言行）、建立互信（认真倾听）并寻求解决方案（分析冲突、寻求共同点）。

任务指派涉及任务定义、评估成员能力和技能、解释任务的理由和目标，规则清晰、授权充分、确定时间节点，充分交流和支援以及结果反馈等内容。

积极倾听包括专注、复述、总结、情感认同，开放式及启发式问题提问等内容。专注才能获得研讨问题涉及的完整信息；复述是对所讨论问题关键点进行不同言辞的表述，以确认问题的关键点；总结是对讨论的要点进行归纳和强调；情感认同是指理解和接受发言者的感受；开放式及启发式提问是指在研讨过程中采用开放式或启发式问题明确所研讨内容的关键要素。

合作、协作及协调在团队合作中包括信任、启发、交换、帮助、支援、分享等内容，但这三个词组在团队合作的程度和方式上存在一定的差异（图5-2）。合作是非正式的配合（图5-3，需要的时候支援队友）；协作是组织严密的团队活动（图5-4，有确定的进度、资源及任务分配）；协调则强调步调一致的工作配合（图5-5，步调一致的紧密工作关系）。

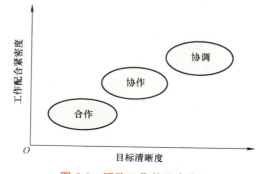

图 5-2　团队工作的配合度

图 5-3　合作

图 5-4 协作

创意与设想交流有助于获得更多、更好的解决方案。调解和协商是解决团队内部冲突的重要途径（详见前述冲突管理）。

团队合作就是要发扬团队成员多样性的优势，并避免其不足。技术团队应拥有共同的核心价值观，才能保证团队成员和谐地工作。以下是一些团队重要的核心理念：

图 5-5 协调

1）褒奖队友的原则。褒奖队友的尽职、勤奋，而不是因为其他因素（如个人关系等）。

2）尊重队友。把队友看成是有自己的能力、才华和观点的独立个人，尊重队友的想法。

3）在问题解决方案形成的早期阶段，避免批判队友的想法，即使这个想法看起来很古怪、幼稚。

4）团队成员应该传达并接受团队最终形成的方案或想法，即使对该方案持不同意见。

5）能够在初始方案或看似不好的方案的基础上进行改进。

6）公正评判提出的方案，准确分析其优点和不足。

7）当一个想法不能实现或方案不完整时，要有再试一次的勇气。

综上所述，团队合作要求每个成员支持并鼓励队友、分享创意，善于聆听队友的不同方案，合作、聚焦任务，分担责任并为团队目标努力工作。各成员运用团队工作技能完成职责和任务，与队友充分、有效地交流相关的信息，展示自己的能力，建立互信，准确定位团队目标并根据反馈调整行为。团队成员应努力避免成为这样的队员：完美主义者、特立独行者、鞭策者、沉默不语者、漫不经心者、举止粗鲁者、拖沓者、大包大揽者及不信任队友的万事通。

按照上述团队合作的核心理念或方法进行团队合作，团队就能和谐地运转，就能发挥多样性的优势。团队凝聚在一起，每个成员贡献自己的想法和热情，就能创造奇迹。

5.3　技术交流

5.3.1　交流与沟通

　　交流与沟通能力是工程师应该具备的最重要的基本职业能力，是对工程方案或技术内容的演绎与解释能力。工程技术涉及的产品大多比较复杂，就是技术专家有时也很难理解其技能范围外的技术或问题，这就要求工程师能以简洁、清晰及生动的方式表述、演绎或解释各自专注的研究课题、问题或主题，既要容易理解，又要表述充分、完整，这就是所谓的技术语言或学术语言。它包括口头与书面两个方面的表述能力。书面表述能力体现在研究报告、论文等文件的撰写，口头表述能力涉及论文或研究成果的宣讲、答辩及研讨会发言，甚至学术会议期间的非正式学术交流等。学会使用图表、粘贴图、幻灯片（如 PPT）等方式表述研究内容和成果，是工程师必须掌握的重要技能。表述能力对于归纳、总结、共享及传承工程经验知识和信息具有极其重要的意义。

5.3.2　口语表达与交流能力

　　尽管很多人认为语言表达能力具有个人天赋的属性，但还是可以通过后天的培训和练习来提升语言表达能力的。

1. 口语表达

　　口语表达与交流能力在职业范围内可以涉及很多内容，作为工程师，最重要的口语表达及交流能力是如何将自己的想法、方案、建议等以最有效的方式传递给听众或观众。和所有其他技能一样，口语表达与交流能力只有通过不断地练习才能加以提升。应该多参加各种类型的演讲、辩论、讨论活动，以提升口语表达与交流能力。也可以借助一些辅助工具，帮助提升交流的效率，如 PPT 或幻灯片就是最有效的辅助工具，因此，如何准备 PPT 或幻灯片是现代工程师必须掌握的职业技能。不同的职业在准备 PPT 时具有不同的风格或要求。对于工程职业，主要有学术报告、会议发言及演讲报告等常用交流形式，下面结合这类报告，介绍准备相应 PPT 幻灯片的要点。学术或技术研讨会报告一般由三个部分组成：介绍、演讲正文及结论。

　　（1）介绍　学术报告的介绍部分通常包括以下内容：

　　1）正式的问候（"早上/下午好,女士们先生们"）。

　　2）简要介绍自己（主要与报告主题相关的经历、背景等）。

　　3）介绍报告主题（尽量生动有趣，以提高与会者的兴趣）。

　　4）简要介绍一下在演讲中将要涉及的内容（要点）。

　　（2）演讲正文　学术或技术报告的演讲正文（主体）部分包括以下内容：

　　1）准备三至五个需要介绍的要点，对每个要点进行介绍，并给出论据或证据（实例、数据等）。

　　2）尽可能使用能提高与会者兴趣的多媒体设备，如图片、照片甚至实物，均是提升技术演讲质量的重要手段。

3）PPT版面中的内容主要以小标题的方式列出，避免使用长句子，更不要使用大段文字。

（3）结论　报告的结论部分包括以下内容：

1）对报告进行一个简短的总结（"在该报告中,我讨论了……"）。

2）对报告主题进行概括性陈述（课题的重要性或选择它的理由）。

3）结束报告要有力度，不要虎头蛇尾地做这样的陈述"好了，这就是我要说的"。而是应该向观众提问！如"大家有什么问题吗?""欢迎提问!""我很乐意回答大家的问题"。

4）当有人提问时，微笑面对提问者，认真倾听，极力控制打断提问者的冲动。待问者问完后，应稍作思索再回答（在回答问题前可对问题进行积极评论来获得思考时间，如"这是一个非常有趣的问题……""嗯，正如我在演讲中所说……"）。如果无法回答提问者提出的问题，可以坦率说明或回问提问者或听众"恐怕我回答不了你的问题，你有什么想法吗?"，或者"大家如何看这个问题?"。

不可否认，口语表达能力在一定程度上取决于每个人的天赋、性格及知识。但通过反复练习，每个人的口语表达能力都能得到大幅度提升，而作为工程师，必须在学习与工作过程中努力提升口语交流能力，这样才能在研究开发过程中，与同事、同行、客户、管理层进行充分、有效地交流，传递准确的信息，提升工程项目及产品研发的实施效率。

2. 口语表达与肢体语言

在口语表达过程中需要关注肢体语言。有两个方面的含义，一是发言者要注意自己的肢体语言如何帮助传递要表达的信息，另一方面，需要关注对方或听众的肢体表达所传递的信息。不良的肢体语言不仅妨碍交流，而且会造成误解。

5.3.3　书面表达与交流能力

作为工程师，书面表达及交流能力主要表现为工程执业过程中各种报告、主题论述等书面材料的撰写能力，涉及项目建议书、可行性分析报告、实验或试验分析报告、成果展板、专利申请书、会议论文、期刊论文、学位论文、研究报告、书籍（专著、教材等）等众多内容。这些需要撰写的内容和中学时代的作文写作有所不同，中小学的优秀作文可以基于事实或主观想象进行创作，而工程学习与执业过程中的写作（通常称为学术写作），则需要基于科学事实或实验数据进行客观的描述，禁止主观想象的捏造。其行文要点如下：

1）主题明确。科研及学术写作应该是描述性的，总是直入主题，且所撰写的内容要与主题以及目标读者、观众或听众密切相关。

2）符合逻辑顺序。几乎所有上述书面交流方式都包含三个方面的内容：拟解决的问题（背景等）、解决方案及结果。撰写过程中，应将内容进行合理安排，特别避免将结论性的内容放在"前言"及"正文"内容中，同时又要避免在"结论"中叙述应该在"正文"中说明的方法、过程。

3）避免第一人称、第二人称及第三人称，行为语态应该采用类似英文学术写作中常用的所谓被动语态。

4）语言简洁。尽可能用最少的字数表达信息，以便于读者快速阅读和理解。

5）尽量采用常用的、意义明确且通俗易懂的汉语，避免采用深奥的、容易引起歧义的非常用汉语。

6）合理安排标题和小标题，便于读者检索和阅读其感兴趣的内容。

7）多定量数据，少定性描述，禁止无依据的主观推断。

下面具体介绍工程学习与执业过程中，经常会用到的各种文体的写作要点。

1. 如何撰写内容提要（摘要）

内容提要（abstract）是大部分书面交流文件（项目建议书、研究报告、论文、著作等）的关键组成部分。它给读者提供有关研究或开发成果的快速、简洁信息。根据所撰写文件的类别，摘要字数控制在 200~5000 汉字之间。例如，作为期刊论文发表的摘要字数通常在 250~500 汉字之间，学位论文在 1000~5000 汉字之间，著作（书籍）则控制在 5000 字左右。一些机构（如出版社、期刊、会议等）会对摘要字数及内容提出具体要求，这时可以按照他们的规定撰写摘要。如果没有明确的要求，也可以参照该机构以往出版资料（书籍、论文等）的摘要格式。无论是何种摘要，一般需要包括三个方面的内容：

1）研究的背景（解释为什么要做，字数通常控制在摘要总字数的10%以内）。

2）研究的方案、方法（解释怎么做，该部分内容应该是摘要的主体，不少于总字数的70%）。

3）研究的结论或成果（解释做的成果或效果，字数20%左右）。

2. 如何合理安排标题

在所有学术及技术文件中，都是通过标题或子标题，标识文件不同段落中的特定信息或内容，以方便感兴趣的读者，不需要通读整个文件，就能快速定位到他所需要的信息或内容。因此，在准备技术文件时，应从方便读者的角度，合理安排各部分内容，并设计相应的标题。文件中各部分的标题或子标题，应清晰地描述所在段落的主题内容。

3. 如何撰写文献综述

在所有研究和开发工作中，都需要进行前期调研，了解国内外同行的研究成果或国内外同类产品的技术发展现状，以明确所需要进行的研究或产品开发工作，可以推进技术或产品的发展和进步，而不是同行工作或同类产品的简单重复。这部分前期调研工作及其结论，通过研究报告或技术文件中的文献综述加以表述。因为，文献综述是经过调研、分析并提炼的某领域最新发展现状。文献综述通常聚焦一个研究课题、主题或问题，对该课题的背景、难度、关键技术及现有解决方案等进行文献资料收集、分析并提炼，以便为下一步的研究开发工作提供借鉴。对于基础性研究课题，其文献资料来源主要为公开发表的国内外期刊、学位论文及学术会议论文集等。对于技术开发型研究课题，其文献资料主要来源于国内外同行业或领域内期刊、学术会议、学位论文以及专利。对于产品开发型课题，其文献资料主要来源于专利、行业期刊及产品展示会等。无论何种类型的文献综述，其要点是对所涉及或引用的文献，抓住其研究成果的创新点及不足之处。这不仅是对前人工作的尊重，更重要的是可以保证将要开展的后续研究工作

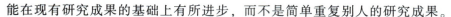

能在现有研究成果的基础上有所进步，而不是简单重复别人的研究成果。

文献综述是项目建议书、各种论文（发表论文及学位论文）及研究报告等不可或缺的重要组成部分。

4. 如何撰写项目建议书及可行性分析或研究报告

项目建议书的目标是，为实施某项有意义的基础研究、技术开发或产品开发工作，申请研究或开发资金。因此，项目建议书需要说服评议人、评审委员会以及主管部门，确实存在并亟待解决项目建议书撰写者（通常是项目申请人）所提出的问题，而且申请者所提议的解决方案合理且切实可行。

项目建议书虽然在不同行业、不同领域具有不同的特点和要求，但无论是基础研究的项目建议书（如各类自然科学基金项目建议书）、技术开发类项目建议书（如国家级项目计划建议书）及企业产品或服务开发项目建议书，都离不开三个要点：立项依据（发现并定义问题或需求）、建议的解决方案及可行性（包括技术、人员、时间与经费预估）以及预期的成果或效益。

立项依据需要重点对所需研究的问题进行定义，其直接关系到所建议的研究工作的必要性和价值。这里需要尽可能说服项目评议人，所建议的项目对所涉及领域的科学进步（对应基础研究项目）、技术发展（对应技术开发项目）或产品市场份额或盈利目标（对应产品或服务开发项目）极其重要。

解决方案需要重点叙述面向项目关键科学、技术及瓶颈问题的具体解决思路。如关键科学问题的理论或试验方案（基础研究项目），关键技术问题的实现技术路线和测试方案（技术开发项目），瓶颈问题（潜在的技术难点、资源状态、人员配置等）的解决方案（产品或服务开发项目）。这些方案还需要就理论、资源（经费、时间、原材料等）、能力（人力、设施等）等方面进行可行性分析，以说服评议人或主管部门，所提出的解决方案是切合实际且是可行的，并使他们相信项目建议人及其研发团队有能力进行相应的研究开发，并能达到预期的研究或开发目标。

预期的成果和效益，需要尽量提供并列出翔实的依据，即可供评估的研究报告或论文（基础研究）、系统或原型机（技术开发及产品开发）。对于系统或原型机则还需要提供详细的性能指标。

需要指出的是，对于投资大、风险高的研究项目，还需进行关键技术的前期研究，并提供独立的、详细的可行性分析研究报告。

5. 如何撰写实验或试验报告

实验或试验工作是科学家及工程师训练中很重要的一部分。实验或试验报告是对事实的陈述：罗列在实验室、试验现场或计算机仿真过程获得的试验或仿真结果。实验或试验报告需要详细介绍实验或试验所用的仪器、设备和材料，还需要详细介绍实验和试验的流程、数据采集的方法、试验的环境等所有细节，并尽可能给出定量结论。一般包括文字、列表、表格和数据。

6. 如何撰写技术报告或研究报告

技术报告或研究报告是用来描述研究（如基础研究、可行性分析等）或开发（如技术、产品等）结果的文件，是有关研究、设计或项目开发的事实或结论。研究报告通常应用于基础研究工作进展或成果的总结，需要系统介绍整个基础研究工作过程及所取得的进展及成果（如自然科学基金进展报告、结题报告等）。技术报告一般应用于技术开发或产品开发工作的进展或成果的总结，包括技术方案的构思、设计及数据的图形描述。技术报告有严格的组织结构，当其他工程师阅读到报告时就能快速地找到他们最感兴趣的部分。技术报告或研究报告通常都会包含涉及相关参数的表格、数据及图案。

7. 如何撰写期刊或学术会议论文

这里的论文是指拟发表在期刊或会议上的论文，它们应该是作者原创的、最新的研究成果或作品。这种论文的结构一般包括题目、作者和附属机构、摘要、关键词、前言或引言（与项目建议书类似，说明论文所涉及的研究内容的意义和目标）、研究正文（研究内容的展开，涉及研究过程、方法及结果，包括建模与仿真、实验验证和调查、结果分析与讨论等）、结论（新发现、对研究领域的贡献）、致谢（对支持和帮助的人或机构表示感激）、参考文献。论文通常由文字、公式、表格和数据组成，且论文必须符合拟投稿期刊或会议对论文格式、字数的规定。

8. 如何设计展板

作为工程师或研究人员，会参加很多学术会议、研讨会及展示会，在参加这些会议的时候，通常需要通过宣读论文来介绍各自的研究方法及成果，有时，会议组织方还要求准备展板（poster）来展示研究成果［如学术会议期间的研究成果展（poster session）就需要准备展板］。展板就是将研究目标、过程、方法及成果，以简洁的、书面的、图文并茂的方式布置在展示页面上，通常不超过两页。在会议期间，展板会与其他同行的展板一道布置在展示通道中。因此，研究成果展板应该能快速而高效地传递研究或开发信息，以便同行、观众能在尽可能短的时间内了解作者的研究工作和进展。

9. 如何撰写专利

专利是法律保障创造发明者在一定时期内由于创造发明而独自享有的利益，属于知识产权范畴。作为工程师或研究人员，在技术及产品研究开发过程中，不仅需要尊重别人的知识产权（如专利、论著），而且要维护自己或所服务单位的创造发明专有权利。前者要求在研究开发过程中，广泛查阅专利，避免侵犯别人的知识产权；后者则要求对研究开发过程中产生的创造发明进行自我保护，依据《中华人民共和国专利法》（简称《专利法》），申请专利权。

专利有三种类型：发明、实用新型和外观设计。发明专利是指对产品、方法或者其改进所提出的新的技术方案。实用新型专利是指对产品的形状、构造或者其结合所提出的适于实用的新的技术方案。外观设计专利是指对产品的形状、图案或者其结合以及色彩与形状、图案的结合所做出的富有美感并适于工业应用的新设计。

专利申请提交的书面技术文件包括拟申报专利的名称、所属技术领域、背景技术、发明具体内容等。对于发明和实用新型专利的申请，应当重点聚焦所申请技术的新颖性、创造性和实用性。

新颖性是指该发明或者实用新型不属于现有技术，也没有任何单位或者个人就同样的发明或者实用新型在申请日以前向专利行政部门提出过申请，并记载在申请日以后公布的专利申请文件或者公告的专利文件中。

创造性是指与现有技术相比，申请发明专利的技术内容应具有突出的实质性特点和显著的进步，申请实用新型专利的技术内容应具有实质性特点和进步。

实用性是指该发明或者实用新型能够制造或者使用，并且能够产生积极效果。能够制造或者使用，是指发明创造能够在工农业及其他行业的生产中大量制造，并且应用在工农业生产上和日常生活中，同时产生积极效果。这里必须指出的是，《专利法》并不要求其发明或者实用新型在申请专利之前已经经过生产实践，而是分析和推断在工农业及其他行业的生产中可以实现。

因此，在方案设计阶段的成果，只要满足上述三个要求（新颖性、创造性及实用性）就可以开始着手申请专利。

当然，不是所有科研成果或发明创造都可以申报专利。不可授予专利权的项目有科学发现、智力活动的规则和方法、疾病的诊断和治疗方法、动物和植物品种（不包括动物和植物品种的生产方法）等。此外，《专利法》还规定，对违反法律、社会公德或者妨害公共利益的发明创造，不授予专利权。

10. 如何撰写学位论文

在大学期间，通常需要进行一定的研究或开发工作才能获得学位（如学士、硕士和博士），这时还需要就所进行的研究或开发工作撰写学位论文。在撰写学位论文时，需要进行对应学位要求的研究或设计，并在学位论文中按逻辑顺序安排好撰写的内容。

如果选择基础研究课题作为毕业论文研究内容，则学位论文通常包括：

1）研究背景（回答为什么要做这项研究）。

2）文献综述（通常通过对期刊论文、学术会议论文的调研，回答两个问题：该项研究国内外同行已经到达哪个阶段，还有什么问题有待解决或探索）。

3）论文研究内容（基于文献综述所涉及的有待解决的问题，说明准备挑战哪个问题）。

4）论文主体（详细介绍解决该问题所采用的理论、试验或实验方法以及取得的结果）。

5）论文结论（说明通过研究，发现了什么，解决了什么问题）。

如果选择技术开发类课题作为毕业设计内容，则学位论文通常包括：

1）技术开发背景（回答为什么要开发这项技术）。

2）文献综述（通常调研公开的专利或行业期刊论文、会议论文，获得同类技术的最新发展现状，挖掘还有哪些技术关键问题需要解决）。

3）论文的研究内容（针对文献综述所涉及的需要解决的问题，提出准备探讨的问题）。

4）论文主体（详细介绍攻克该技术问题所采取的方法、理论及实验或试验方案，结果如何，关键的技术参数达到什么水平）。

5）论文结论（说明通过技术开发，解决了什么技术问题）。

如果选择设计类（产品开发类）项目作为毕业设计内容，则学位论文通常包括：

1）产品开发背景（回答产品开发的需求背景，产品开发是增量式的改进还是全新的发明）。

2）同类产品及其相关技术的调研与综述。

3）方案设计、论证。

4）详细设计、论证。

5）样机制作及测试。

6）设计总结。

学位论文的内容、格式需要满足颁发学位机构（大学、研究院等）的要求和规定。

11. 学术或技术撰写工作中的一些常用手段

学术或技术写作和中小学作文写作以及文学创作写作有很大的不同。学术写作过程中，通常需要用简单、通俗、明确、客观及中性的语言进行叙述。叙述事实的过程按照逻辑顺序进行。例如，在撰写论文时，必须考虑到如何将所进行的研究工作按逻辑顺序进行叙述，使得读者容易理解。写作的文件符合相应的标准格式。如在论文中要使用一致的版式，如页边空白大小、行距要保持一致。确定论文的读者和论文写作的目的，这样就可以只收集有关某个课题的特定信息而不是所有的信息，也不用担心所撰写的内容会使读者感到无聊或疑惑。

为了便于读者理解研究内容，还可以采用列表、表格、图形以及数学公式等方式介绍研究工作的内容及成果。

列表是描述系列信息的有效方法。当需要描述或表达步骤、阶段、年份、程序或决策时，列表是最方便的方法。为了简洁、明了，在创建列表时应避免使用完整的句子，更不能采用大段文字。

表格常用来描述定量的事实或参数，使读者方便地找到所需要的详细信息。

图形包括流程图、曲线图、图片等。流程图可以方便地描述一个过程。曲线图可以用来描述事实或参数之间的相互关系。图片则用来展示事实。图形是帮助读者更好理解并获取直观信息最有效的方法之一。

数学公式在学术界或工程界通常被称为数学模型，它通常是基于一定的假设或前提来描述变量间的确定关系或变化规律。

5.4　影响工程师未来发展的因素

如前所述，鉴于现代工程产品的复合性和复杂性，工程师已经很难独立完成一项产品开发或设计任务，必须与同行甚至不同专业背景的工程师合作，而且还要与技师、工人、律师、广告商、金融家、经销商甚至政府官员等其他行业或职业的人员交流、合作。因此，影响工程师职业生涯的因素不仅仅局限于工程师个体的技术能力和创造力。工程师的软能力包括责任心、组织能力、人际交往和沟通能力及团队合作能力，这在工程师职业发展道路上的重要性往往超过其技术能力和创造力。工程师在职业发展生涯中，还需要获得很多工程执业资格认证，需要积极参加工程专业团体以便与同行交流信息，开拓思路，同时提升自身的软能力。

1. 工程执业资质

工程作为一个职业，与建筑、医学、法律等典型职业一样，需要掌握熟练的专业技

能并拥有相应的资质。目前国际上对于工程师的执业资质可以概括为以下几点：

（1）广泛的学术训练 所有的工程职业都要求进行多年的正规学习，通常要求获得学士或硕士学历。

（2）通过资格考试 工程专业人士还必须通过规定的专业考试，证明自己掌握了充分的相关专业知识。

（3）关键技能 工程专业人士必须掌握相应的工程技能（如计算机程序设计、产品开发与设计、有限元分析等）。

（4）道德规范 工程专业人士的行为受本专业道德准则约束（详见第4章）。

2. 注册职业工程师

注册工程师制度的目的在于通过测试、实践和递交推荐信，确保工程师达到最低执业标准，从而保护公众利益。注册工程师制度起源于欧美。例如，美国每个州都有一个工程委员会，他们负责给工程师注册和颁发许可证。当然，工程师做工程工作并不需要许可证，但有许可证的工程师有更多的就业机会。国际上，很多公司和政府职位只能由持许可证的工程师担任。下面以美国工程师认证为例，介绍如何注册职业工程师。虽然美国各州有各自的工程师认证规定，但通常均遵循以下流程：

1）申请者须从州工程委员会认可的大学或机构获得学位。ABET认证的大学或机构均满足此条件。

2）顺利通过工程基础考试。该考试内容涉及各个具体的学科，以及化学、数学、结构学、电子学、经济学和其他科目的基本原理，时长8h。通过该考试的工程学生将获得"培训工程师（EIT）"的称号。

3）持有四年工程师经验的证明。

4）持有推荐信。

5）顺利通过原理与实践考试，这是工程学科上又一长达8h的考试。

上述两个考试均由美国国家工程与测量考试委员会（NCEES）命题，全国统一时间考试。如果想要成为美国注册工程师，大学生通常会在大学最后一学期参加工程基础考试，因为，这时在大学期间所学过的知识还很扎实。

我国目前也有注册工程师制度。如结构工程师、监理工程师、建筑师、安全工程师、环评工程师、质量工程师等。虽然从事工程职业，并不需要注册这些工程师，但相关企业和机构为了获得从事某些工程项目的资质，需要拥有相关工程技术的注册工程师，这时，如果拥有这些相关的注册工程师证书，无疑将会成为企业或机构的亟须人才。

3. 职业团体

大多数职业都有各自的职业团体，如中国机械工程协会。世界上第一个工程职业团体是1818年成立于英国的土木工程协会。从此，很多职业协会相继成立。职业协会的主要职能是为成员之间交流信息提供机会与平台。职业协会通过发表技术论文、召开技术会议、创建技术资料库、讲授课程、提供就业数据等方式给会员提供服务。一些职业协会会帮助其成员就业，或就与其职业相关的技术问题向政府提出建议。

应该积极加入所在行业的职业协会。这不仅会给自己带来很多机会，同时也能提升自己的交流与沟通能力。如参加定期与不定期举行的专题讨论会，了解行业发展动态，通过与同行的广泛交流，不仅可以获取技术信息，更重要的是可以认识很多掌握专门技术的人才、同行专家，同时也让同行了解自己的研究或开发工作，以便在研究工作中可以相互提供帮助和合作。

5.5　小结

　　成为工程师不仅要具备优秀的技术执业能力，更需要具备良好的沟通、交流及团队合作能力。

　　工程师不仅要学会与同行、同事甚至很多其他专业背景的工程师交流与合作，而且还要学会与律师、广告商、金融家、经销商、管理层甚至政府机构人员交流与合作。

　　工程师是技术团队的重要成员，技术团队还包括科学家、技术专家、技师、技术工人和用户。

　　口语表达及书面表达能力是工程师必须具备的最基本的职业能力。

　　工程职业团体与协会能给工程师提供技术交流和提升的重要平台。

习题与思考题

5-1　简述工程师需要具备的基本素养。

5-2　举例证明并应用立方平方法则。

5-3　举一产品实例解释 S 性能曲线。

5-4　产品设计与开发过程中，如何理解和应用"调节螺母"的理念？

5-5　简述技术团队多样性的重要性及潜在问题。

5-6　简述冲突管理策略。

5-7　给自己一个客观的认知评估，说明自己的优势与不足之处。

5-8　简述团队合作成员的核心理念。

5-9　结合日常生活，挖掘一项需求，撰写一份面向该需求的产品开发项目建议书。

5-10　基于所提交的项目建议书，准备 PPT 并进行课堂答辩。

5-11　基于所进行的课程项目方案设计，撰写一份可行性研究报告并准备 PPT 进行课堂答辩。

5-12　去图书馆查阅一篇期刊论文，介绍其写作要点。

5-13　去图书馆查阅一篇你所在工程领域的基础研究、技术开发及产品开发的学士学位论文、硕士学位论文及博士学位论文，并介绍这些论文的特点。

5-14　基于项目详细设计，准备 PPT 进行设计论证课堂答辩。

5-15　结合所进行的课程项目，撰写一份研究报告并准备 PPT 进行课堂答辩。

5-16　结合所完成的课程项目，准备展板用于项目展示。

第 6 章

创造产品的一般流程

本章学习目标

1. 能够理解和认识产品设计与开发的流程。
2. 能够进行产品需求的机会识别、筛选与决策。
3. 能够确定产品设计与开发的约束。
4. 能够确定产品设计与开发的设计目标。
5. 能够撰写产品设计与开发任务书。
6. 能够掌握组建产品设计与开发技术团队的要点。
7. 能够理解方案设计至样机制作过程中的多次循环。
8. 能够理解并行工程的理念。

　　工程师运用科学、数学、经济学知识挖掘并开发满足人类需求的产品，通过运用工程设计方法来创造或改进产品、服务或工艺。工程设计方法包括技术的集成与综合、性能分析、工程团队成员间交流及和管理层交流。

　　从无到有创造产品，是工程学的核心。工程学是把一些特定的目的和需求变成现实的学科，它充满创造性。创造产品的能力也是现代企业的核心竞争力所在。创造产品的过程实际上是将顾客或市场的需要转换成产品的过程，通常由设计师或工程师、制造工程师、客户服务人员以及经济师等组成的产品开发团队完成。它不仅要求开发团队具有创造力、工程经验、合作能力和制造设计能力，还需要制造团队能根据产品制造需求，确定工具、刀具及材料，设计工艺流程（如何制造一个零件或装配一个产品），以及如何减少产品制造成本（使产品具有竞争力）。产品是否成功，重要的前提是工程设计目标是否真实反映社会（客户）需求，确保产品设计方案满足客户需求的各个要素。这是一个复杂且常常涉及多个学科的难题。传统的创造产品的过程可归纳为 11 步（图 6-1），其中很多步骤需要反复迭代才能达到相应的产品性能要求。如图 6-1 中前三步是产品策划阶段，这个阶段的工作决定了产品的基本属性及其未来，是产品开发最关键的一步。

6.1　发现需求并定义问题

　　产品开发流程始于确定社会需求或客户需求。创造性工程师总是在设法找到明确的社会需求。社会需求可以大致分为国防需求、环境需求、公共设施及民用需求等。国防需求、环境需求与公共设施需求一般由政府提供解决方案，而民用需求一般由企业主导的市场行为解决。

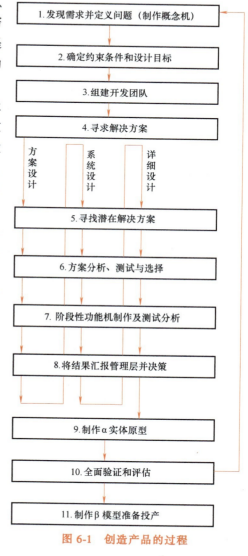

图 6-1　创造产品的过程

　　国防需求，通常是政府最优先考虑的社会需求之一，具体表现在军事领域发现和挖掘需求以保持军事优势。当情报部门发现敌人有新的武器时，军方即确定了军事需求，这时需要找到相应的对抗措施（如开发相应的武器系统）。

　　环境需求是由于科技发展、日渐增长的人口等给环境造成压力而产生的，主要表现为环境污染。政府通过设定安全或污染控制的新标准（环境需求），也能带来新的技术或产品需求。

　　公共设施需求包括城市污水排放系统、大型水利设施，修建道路、隧道及桥梁等。

　　在民用领域，马斯洛需求塔（图4-6）全面诠释了社会大众需求，产品开发决策必须充分了解市场，理解和挖掘大众的真实需求，即正确地定义问题。这项工作通常由企业的市场部并在相关领域的专业工程师配合下完成。工作流程是将市场部发现的众多的产品机会进行过滤和筛选，就好像让它们流过一个漏斗一样（机会漏斗），最终聚集到一两个杰出机会。针对该杰出机会，再进行仔细的调研和分析，这一定义问题的过程也是正确识别产品需求的过程。机会识别与决策过程如图6-2所示。

　　需求识别一般按照以下流程进行（具体方法将结合方案设计在第 7 章中详细介绍）：

　　1）收集客户原始需求信息。

　　2）分析并解读原始需求信息并将它们翻译成真实的客户需求。

　　3）将客户需求按主要、次要需求进行等级划分。

图6-2　机会识别与决策过程

4）确定需求的重要性。

需求识别一般是企业市场部主导、设计部门参与的工作任务。主要是对市场需求进行初步评估，即在产品开发的早期阶段确定潜在的销售额、竞争对象和可能赢得的市场份额。传统上由于工程师专业分工的原因，工程师往往会专注于所熟悉的技术领域，通常难以认识到真实的社会需求。这种不了解真实需求的工作任务，工程师会按照主观意识和经验，给出草率的定义，造成很多忽视客观需求（用户需求）的问题，最常见的就是设计缺陷，有时甚至不能完全实现产品所需要的关键功能。因此，作为设计工程师不能把需求识别工作认为是市场部的事务性工作，而应该积极参与并深刻理解产品的需求，这样才能在后续的产品开发过程中避免设计错误或缺陷，避免造成极大的浪费和给企业带来巨大的经济损失。

在产品规划阶段结束时通常会让产品开发团队中的工业设计师根据客户需求设计一个产品的概念机，该概念机（可以是数字模型，也可以是实体模型，详见第10章样机制作与测试）主要描述该产品需要实现的功能和所需要的技术。概念机可以用来测试用户的满意度信息，从而为后续的开发投入提供市场依据，以降低开发风险。

6.2　确定约束条件和设计目标

1. 确定约束条件

因为技术、资源总是有限的，因此每个产品开发项目都存在经济及技术的约束或限制。这些制约因素必须在早期就得到确认，因为它们会影响到整个产品开发项目的规划。产品开发典型的制约因素可能出现在以下几个方面。

（1）预算　任何一个产品的开发都会产生不菲的费用，而一个企业或机构的研究开发经费是有限的。因此，在产品开发项目策划阶段，工程师必须仔细规划项目所需的资金，即进行所谓的预算。需要考虑项目各项潜在的开销与花费，包括原材料费、制造费、人工费和交通费等。

（2）时间　由于现代产品更新换代迅速，市场需求的变化迫切要求产品开发项目在短时间内完成。产品设计与开发工程师必须掌握项目的可用实施时间，时间的紧迫性限制了产品设计与开发过程可供评估的方案数量和类型，这也不可避免地增大了项目实施的风险。

（3）人员　充足的预算资金和充分的实施时间并不能确保项目成功，团队所有成员都必须技术熟练且能认真地投入工作。事实上，项目团队的成员选择往往是项目成功与否的关键，项目负责人应该根据产品开发项目所涉及的技术，选择相关的工程师或技术专家，还需要考察这些未来团队成员的职业素养和道德，因为一个不善于合作的团队成员或者没有职业道德的成员，无论其技术如何熟练，都无法与整个团队同舟共济，实现团队的产品开发目标。

（4）法律　法律是当今世界人们行为规范的普遍约束。在产品开发项目运行之前及实施过程中，团队必须充分调研。例如，需要检索专利，了解并掌握项目涉及的技术是否存在专利保护，以避免专利侵权。此外，还必须和所在地政府部门协调，因为，产品研发和制造可能涉及环保问题（如研发及制造过程中的排放是否会造成环境污染及其补救措施等）等。侵权或违反法律可能导致产品开发延期、成本大幅度超出预算甚至造成项目流产等严重后果。

（5）产品涉及技术的成熟度及可用性　任何产品都依赖现有的、成熟及可靠的技术加以实现。在组织研发团队时，就应该仔细规划所采取的技术方案，并根据技术方案，选择合适的技术人才作为研发成员。确定合理的技术方案，就是选择合适的技术来实现产品，这是产品成功与否的关键因素之一。人们总是倾向选择高新技术来实现所开发的产品，这是正确的选择，但是，需要考虑高新技术的不成熟性（如存在未知的应用不确定性问题等）及可用性（如能否找到相应技术人才）问题。

（6）材料的性能和可用性　工程师经常受到材料性能的限制。例如，飞机发动机材料需要承受高温，这是飞机发动机设计必须面对的约束条件。在实验室，技术人员可以开发出拥有所需性能的新材料，但它们在商业应用之前，还无法应用于实际工程项目，因为从实验室走向大规模工程应用还需要很长的技术与工艺准备时间（生产设备、生产工艺等）。

（7）可用零部件及子系统　在项目方案设计阶段，工程师就必须了解其设计所需要的零件、部件及子系统是否能够直接采购，否则需要定制所需零件。如果一个设计能够采用成熟的普通零件或子系统，就是一个可靠性高的产品设计，因为成熟零部件经受过长期的应用测试证明是可靠的。如果需要定制新的零件，则会增加产品成功的风险，因为新的零件或系统没有应用先例，一旦存在未知的缺陷会造成产品项目的失败。

（8）竞争对手　工程师必须确认所开发或设计的产品是否具有独一无二的特征，即能否具有与类似产品竞争的实力（性能、时尚的外观及成本等方面的优势）。1979年索尼公司推出了独一无二的时尚产品：随身听（图4-12），该产品取得了很大的成功，创造了20年的辉煌。2001年苹果公司推出的数码随身听iPod nano（图4-13），由于其方便、时尚的效应，让以随身听为代表的磁带便携播放器彻底退出了市场。

（9）工艺性　工艺性涉及产品及其零部件制造或制备的方法及难易程度。根据零件需求的不同，可分为单件、小批量及大批量生产。显然，这些不同量产的生产工艺是完全不同的。很多零件适合在实验室或车间进行小批量生产，而不适合大批量生产。例

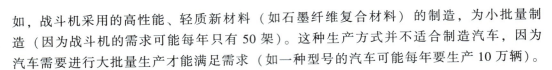

如，战斗机采用的高性能、轻质新材料（如石墨纤维复合材料）的制造，为小批量制造（因为战斗机的需求可能每年只有 50 架）。这种生产方式并不适合制造汽车，因为汽车需要进行大批量生产才能满足需求（如一种型号的汽车可能每年要生产 10 万辆）。

2. 确定设计目标

明确了所开发产品的约束条件后，接下来需要确定产品设计结果的评价标准，即产品的设计要求与目标。工程产品的设计目标很多，下面列举其中一些常见设计标准或设计目标。

（1）美学　美学在消费类产品设计与制造中起着很大甚至是决定性的作用。外观丑陋的产品缺乏竞争力，无论这些产品有多坚固、多可靠以及功能如何强大。典型的案例就是苹果公司美观时尚的 iPod nano 彻底淘汰了当时非常流行的由日本索尼公司发明的 walkman，苹果公司的 iPhone 手机则后来居上一举击败坚固、可靠耐用的诺基亚手机。传统上，基于实用主义的原则，产品的设计者往往只关注产品的功能属性，常常忽略产品外观的美学属性。现代产品均衡、匀称、颜色协调的美观外表常常是获得成功的关键因素。另外，也必须认识到，片面追求美学设计而增加零件数量是不经济的。因为产品美学的一个重要原则是外形应服务于功能，产品的每个零部件都有其特定的功能。违背这个原则的产品通常会造成不必要的零件成本。例如，20 世纪 50 年代的汽车设计有巨大的鳍状物，这些鳍状物并没有实际的功能，只是为了美观而加上去的。随着时尚潮流的发展演变，它们很快就过时了，以后的汽车产品上再没出现过这种当时很流行的时尚零件。

（2）性能与设计指标　产品的性能与设计指标通常是由制造商依据市场或客户需求决定的。如何基于客户需求确定性能与设计指标将在第 7 章进行详细介绍。

（3）品质　产品的品质是由消费者决定的，通常被定义为"有用的程度"。例如，消费者希望汽车有以下性能：从静止加速到每小时 80km 的时间是 6s，从每小时 100km 减速到 0 的制动距离是 50m，耗油量为每百公里 7L。不满足这些标准的汽车都会被消费者认为是品质低下，尽管它们很可能可靠性良好且外观时尚。产品的品质通常依赖性能与规格参数，制造过程的质量控制也会影响产品的品质。

（4）人因工程　大多数产品的使用者都是人，成功的产品在设计时必然会考虑到产品对人的影响及人对该产品的反应。例如，汽车设计中与人相关的设计因素包括：仪表读数方便、手指操作灵活、踏板间隔合适、所需驱动力合适、方向盘旋转方便、高度合适、座椅舒适等。

（5）成本　如果产品外观时尚、性能优异且易于操作，但价格太高，该产品也很难占到较大的市场份额，甚至可能失败。产品有两种成本：初始投入成本和生命周期成本。初始投入成本是指购买产品所产生的费用；生命周期成本既包括购买费用又包括劳动力、操作、保险、维护等费用。价格低廉但维护费用、燃油费、保险费高的汽车实际上是不经济的。然而，很多消费者甚至设计工程师往往仅考虑初始投入成本而忽略了生命周期成本。

（6）安全性　工程师设计的产品既要保证使用者的安全又要保证制造产品的工人及技术人员的安全。设计绝对安全的产品是不现实的，因为它们成本太高，所以人们通常用标准来评价产品的安全性能。因此，工程师设计的产品必须满足所涉及产品的工业标准。现代汽车的安全标准在不断提高，例如，现在的汽车必须装有安全气囊。

（7）运行或应用环境　工程师设计产品时要考虑到其使用环境。产品在储藏和使用过程中周围的温度和压力处在什么范围，环境是否存在腐蚀性的因素，产品的振动环境如何等。例如，汽车设计要考虑的操作环境就有很多：从极地到热带，从海平面到山区，有除冰盐的路面、坑洼的路面等。

（8）与其他系统的兼容与匹配问题　很多产品要与其他产品兼容或匹配：计算机要与软件和打印机兼容，电视要与广播信号兼容，汽车要与常用燃料匹配，汽车转弯半径和宽度要与道路匹配。这些问题在产品开发过程中都需要进行详细设计与评估。

（9）对环境的影响　开发和使用某种产品可能对周围环境造成不良影响。随着环保要求越来越多，对设计的产品有低化学物含量、低噪声、低电磁辐射等要求。现代汽车要求安装催化转化器，减少汽车尾气对环境的污染。而且产品均要求设计成可回收的，即当其使用寿命终结时，该产品可以拆卸，其零件或材料可以回收再利用，以减少废弃物对环境的不利影响。

（10）物料供应　很多产品需要物料供应系统，如电力、冷却、蒸汽、燃料和备用零部件等。在某些场合，这些支持系统并不一定随时可获得并加以利用。例如，在外太空工作的产品几乎没有任何物料供应，因此设计时必须保证它们能自给自足地在外太空独立运行。对于汽车而言，有大量的加油站和维修中心等基础设施可用，所以物料供应的问题较小。而电动家用轿车，充电桩的建设对其发展至关重要。

（11）可靠性　可靠的产品总是能在预期的时间内和用户指定的环境下完成预期的功能。100%可靠的产品是不存在的，但应努力做到可靠性接近100%。如航空航天工业要求其航空航天产品的零件高度可靠。为了提升可靠性，通常通过"冗余设计"来实现，也就是说，使用多个并联的有相同性能的零部件。例如，航天飞机是由三台计算机并联控制，这是为计算机提供备份以防两台计算机都失效。而且，如果计算机之间"意见不合"，可以通过"投票"来解决。而汽车设计通常不会"冗余"，因为汽车零件失效不会导致灾难性的后果。普通产品设计通常采用安全系数的方法提高产品的可靠性与安全性。例如，绳索需要承受 F（N）的静态拉力，根据绳索的不同应用场合，工程实际中通常会采用高达 3 倍（普通用途）到 14 倍（电梯绳索）的安全系数，即按照能承受 $3F$ 甚至 $14F$ 拉力标准进行设计，以确保绳索不会在使用过程中发生断裂。

（12）可维护性　可维护性要求产品可定期进行维护，以确保其安全可靠运行。卫星是一个不易于维护的产品，因为远在太空，人们很难到其所在位置进行维护。另一方面，汽车可以很方便地进行维护，因为可以在人们居所周围建设汽车维修中心。预防性检修是指当零件快要失效时进行检修或定期维护。汽车行驶一定公里数更换轮胎和磨损严重时更换轮胎属于预防性检修。故障检修在零件失效后进行，如替换爆裂的轮胎属于故障检修。产品设计时应该充分考虑其可维护性，产品应该方便拆卸，以便快速更换或修复故障零件。

（13）可用性　如果某产品随时可用，称它的可用性良好。如果一辆汽车经常需要维修，且在高于 40℃ 或低于 -5℃ 的情况下无法正常运行，则该汽车的不可用时间比例很高，可用性差。

在确定好产品的预期性能后，接下来就是给它们设置权重，即规定它们的相对重要性，以便确定其相关的定量技术参数供设计使用。

在进行初步的客户需求分析及约束与设计要求之后，通常可以通过撰写产品开发任务书（表 6-1）来进行问题的定义，它是产品开发最重要的阶段，旨在寻找解决方案前要真正理解需要解决的实际问题。产品开发任务书需要详细列出相关问题，其中通常列出必要的需求列表，设计与开发工程师应该不断回顾该文件，确保设计正确。需要强调的是在产品设计任务书中，任务描述应该是需要做什么，而不是怎样做。

表 6-1　产品开发任务书

产品任务描述	用一句话说明产品的功能（避免涉及实现技术）
主要特征	产品的主要特征，与众不同的特点
关键设计目标	简要列出关键要点：外观、性能、环境保护、投产时间等
主要市场	描述主要市场机会
次要市场	描述次要市场机会
约束	简要列出约束要点：资源、资金、人员、环保、竞争产品等
合作方	列出主要用户、供应商、制造部、服务部、销售部

6.3　组建开发团队

拉链及打火机是典型的简单产品，当然，仍然可以挖掘并开发类似的简单产品。但随着人类需求的提升以及科学技术的发展，面向大众需求的现代工程产品大多为多学科技术复合的产品。开发这类产品往往需要不同专业甚至不同行业的知识和技能，这时设计和开发工作无法依赖某个天才工程师独立完成，而必须由来自不同领域的工程师及技术专家共同完成，即必须由这些知识和能力互补的成员组成团队来完成这类产品的设计与开发任务。这些复杂产品包括发动机、汽车、飞机乃至航空母舰等。过去，设计工作被划分成几部分，然后由不同领域的专家按顺序完成（串行工程）。例如，设计一台汽车。首先，造型设计师（工业设计师）设计汽车外形；其后，机械工程师决定如何制造车身及如何将发动机装入车身内；接着，电气工程师设计电子系统；然后，生产工程师设计生产线；最后，营销人员进行广告营销。串行工程是传统产品开发的有效方法，而且目前仍然非常流行，但这并不是产品设计及开发的最佳方法。因为，这种方法虽然能使各个领域的专家找到各自局部的最优方案，但得不到产品全局的最优方案。

寻找总体最佳设计方案要求设计与开发团队涉及的各部门工作人员、工程师及技术专家们从一开始就协同工作，这种方法称为并行工程。下面仍以汽车设计为例来说明并行工程的流程和优点。在汽车的概念（外观）设计阶段，营销人员和工业设计工程师会一起工作，从而确定一个可望畅销的车身外观设计（图 6-3），与此同时，机械工程师也要参与这项工作，确保所设计的车身外形能容纳发动机。如果设计目标需要采用新材料，如铝制空间构架、高分子材料车身等，则需要制造工程师参与决策，因为这些新材料很可能对制造工艺方法产生很大的影响。如果还需要使用混合发动机（汽油机提供基础动力，电动机在加速时提供峰值功率），这时电子系统和汽车需要作为一个整体进行设计，电气工程师也需要参与设计开发工作。

图6-3　汽车的外观设计

　　20世纪70年代，德国大众公司就开始将上述理念贯彻到其汽车开发平台。汽车开发平台是一套用于共同设计、制造、共有重要零件制造的共享设备与系统。目前全球所有汽车制造商都拥有自己的平台战略。不管是系统设计，还是子系统、零件设计，设计与开发人员都应该根据平台来完成设计与开发工作，从而达到并行工程的目的。这时汽车设计与开发不仅是设计工程师个人的工作，它也是公司中整个设计开发团队共同的工作内容。

6.4　寻求解决方案：从方案（概念）设计到样机制作的循环

　　如图6-1所示流程接下来的四步则需要至少完成三次循环：

　　第一次循环是方案设计（也称为功能样机设计，具体方法将在第7章详细介绍）。即基于初步的想法，提出一些方案或概念，然后对这些方案或概念进行可行性分析与研究。这一过程一般要重复多次，才能获得可行的方案或概念。

　　第二次循环为系统设计（具体方法将在第8章详细介绍）。即对前面方案设计阶段获得的一些可行方案，进行更细致的分析与研究，同时进行系统架构设计，进行分析与验证。本阶段通常也要重复多次，才能实现预期的设计目标，如果达不到预期的目标，则有可能又要回到前面的循环（即方案设计阶段），重新构思新的方案。

　　第三次循环为详细设计（具体方法也将在第8章详细介绍）。基于方案设计及系统设计阶段所获得的粗略解决方案，进行产品各模块的细节及零部件设计（这时需要考虑所有细节并绘出详细的系统装配图及零部件图样，确定最佳设计方案的规格等），并进行必要的验证（强度、性能等），本阶段也会有所重复，但相对前两个阶段，结果比较确定。

　　在完成详细设计后，可以制作原型件（也称样机，将在第10章介绍），并进行全面的验证和评估。这个阶段需要对比第一步的内容。考察所创造的产品是否满足了预期的需求。如果所有这些工作都顺利完成，这时就要有足够的信心对该产品进行进一步的投资并进行生产和市场开拓工作，即推向市场环节。

　　从更一般的角度，工程设计方法的最终结果可以是产品、服务或满足人类需求的工艺过程。当产品按照图6-1所示完成了整个流程，其最终结果仍可以改进，这时需要重新回到第一步。如此反复进行，让产品实现不断的升级和完善，这也就形成了所谓的第一代产品、第二代产品、第三代产品等。

　　从上可以看出，创造产品的过程（即工程设计方法）包含以下几个要点：

（1）综合　将不同的部件、子系统及技术集成为一个整体。

（2）分析　运用数学、科学、工程技术和经济学知识将不同方案的性能进行量化。

（3）交流　绘制简图、建立数字模型或实体模型、撰写书面报告、进行口头陈述，让同事或管理部门理解并支持自己的方案、构思及设计。

（4）执行　落实并实施设计方案。

由于产品开发涉及很多因素，存在大量技术、经济约束，很难也不可能通过一次尝试就能获得理想的解决方案，因此，产品开发过程必然是一个反复迭代的过程，有些关键步骤往往需要多次重复，才能获得合理、可行的解决方案或达到预期的产品开发目标。当然，上述产品开发过程对于不同产品的研发具有不同的特征，如图 6-1 所示过程可以作为大部分产品研发的总体指导原则或技术路线。

6.5　小结

正确诠释客户需求（定义问题）是产品设计与开发能否成功的前提。定义需求注意避免将解决方案表述其中。基于定量或定性模型可以确定初步的产品设计参数。设计工程师需要遵循工程设计的方法，采用并行工程的方法进行产品设计与开发，尽最大可能降低产品开发失败的风险。

 习题与思考题

6-1　如何理解客户需求的正确识别在产品创造中的地位？

6-2　什么是隐藏的信息？

6-3　简述创造产品的过程。

6-4　为什么需求定义中要避免涉及解决方案？

6-5　工程创造需要考虑哪些约束？

6-6　产品设计目标包含哪些内容？

6-7　什么是串行工程？

6-8　什么是并行工程？

第 7 章

方 案 设 计

本章学习目标

1. 能够正确定义客户需求并正确撰写需求表达句。
2. 能够将客户需求量化为设计指标。
3. 能够进行设计方案调研。
4. 能够独立进行方案生成。
5. 能够通过团队合作产生更多的设计方案。
6. 能够整合设计方案。
7. 能够进行方案分析与筛选。
8. 能够进行方案决策。

7.1 方案设计流程

在进行了产品规划并发布产品开发任务书之后，便进入产品设计实施阶段。首先是进行产品方案设计。产品方案设计大致包括采用的技术、工作原理、产品外观等内容，是产品满足客户需求的精确功能描述。产品方案设计是产品开发中最难但却是实际支出费用相对较低的工作（图 7-1）。如果产品方案设计不完善，可造成后期投入的巨大浪费。因为一个有缺陷的方案，无论后期如何补救，都很难取得成功。

为方便理解产品设计，可以将图 6-1 中的方案设计流程进一步细化为识别客户需求、确定设计规格

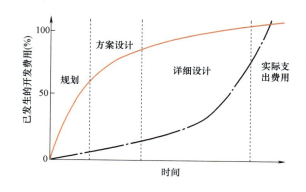

图 7-1 产品开发费用

与指标、方案生成及方案选择四个阶段（图7-2）。

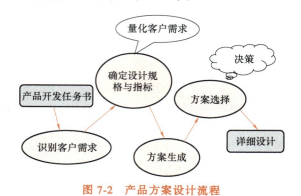

图7-2 产品方案设计流程

7.2 识别客户需求

识别客户需求其实从产品规划阶段已经开始实施，产品开发任务书的依据就是客户需求的产品表述或预测。在方案设计阶段，识别客户需求的工作需要进一步细化，以进一步理解和明确客户需求，确保后续产品设计与开发工作能够满足客户需求。进一步的客户需求识别工作可按照以下流程进行。

1. 收集客户原始需求信息

通常采用与客户或者潜在客户面对面的访谈、小组研讨、客户行为观察等方法以获得他们的需求（想法、喜好等）信息。这些访谈一般在产品的使用现场或潜在的使用现场进行，以便让客户在自然、没有压力的情景下充分表达其诉求。小组研讨通常组织8~12位客户，在会议室进行。访谈及小组研讨时可以采用录像、录音及笔记的方式进行信息收集，以便在产品后续开发过程中进行回顾、分析和理解。

另一种重要的获取客户需求信息的方法是与客户并肩工作，观察使用中的产品，从而可以获得有关客户需求的原始细节。例如，螺钉旋具除了可以拧螺钉外，还可以用来在待拧螺钉的木质材料上预钻导孔，在深孔中利用螺钉旋具头部的磁性吸住螺钉等。

2. 分析并解读原始需求信息并将它们翻译成真实的客户需求

根据客户需求准确表述需要解决的问题，是产品设计与开发中极其重要的环节。因为如果需求定义不准确，后续的解决方案再完美，也可能解决不了实际问题。可以采用规范的需求表述句来达到准确描述客户需求的目的。

客户需求的原始陈述可能会因不同的分析者翻译成不同的客户需求，为了避免对客户需求的无效理解，工程师需要从客户表达的陈述中，确定客户要求产品"做什么"，去除其陈述中的"怎么做"。规范的客户需求表述句，不应该包含解决方案（技术方案）的信息。需求表述句的书写原则为：

1）描述产品需要做什么，而不是如何去做。即表述产品需要完成什么功能，而不是描述如何完成某功能。

2）肯定的语气。用肯定句，不要用否定句。

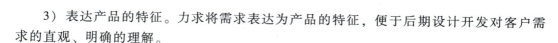

3）表达产品的特征。力求将需求表达为产品的特征，便于后期设计开发对客户需求的直观、明确的理解。

例7-1 某高速公路一直很拥堵，出行者经常因此延误行程。当认识到道路有改进的需求时，直觉会这样定义需求：该如何加宽道路以使它能容纳更多的人流、车流。然而这是错误的需求表述：将解决方案（加宽道路）叙述于需求描述中。事实上，很多案例表明，加宽道路可能导致交通更加拥堵，因为出行者很快知道这条路加宽了，于是云集在这条加宽的道路上导致拥堵。所以，解决交通拥堵问题的方案很可能不是加宽道路，这个需求可能需要增开通勤轨道交通来解决。因此针对道路拥挤问题的需求可以更好定义为：该如何创建能使人员和车辆快速流通的交通系统（正确的需求表达：去除了具体的解决方案）。

例7-2 对于汽车设计，有人定义了如下需求："悬架弹簧生锈，所以希望设计一个保护层，防止生锈"。表面上看弹簧生锈，存在保护层设计的需求，事实上，保护层设计只是解决方案，而另一个更可行的方案是采用不生锈的高分子弹簧。因此，"避免弹簧生锈"才是真实需求，而"设计保护层"只是一种解决方案。如果需求定义中包含了解决方案，那么在后续设计与开发工作中就会落入该解决方案的技术陷阱，忽略了更多、更好的其他解决方案。

3. 将客户需求按主要、次要需求进行等级划分

对于特定的产品，一般都会存在大量的需求表述句。这时需要结合进一步的市场调研，确定主要需求及次要需求。在产品设计和开发过程中，可以首先重点考虑客户关心的主要需求。确定客户需求的等级可按照以下步骤进行：

1）用万事贴等卡片记录需求表达句，一张卡片记录一句需求（图7-3）。
2）将类似的需求归为一组。
3）给一组需求取一个代表性的组名。
4）分析各组需求，确定需求的等级（主要需求、次要需求、三级需求等）。

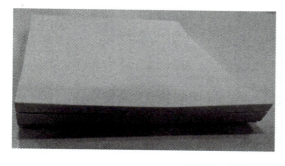

图7-3 万事贴及需求表达句

4. 确定需求的重要性

即便是主要需求，也还需要明确各主要需求的重要性，以便实现产品设计的优化。

这一步也需要和客户进一步沟通，以确定在产品设计及开发过程中最应优先考虑的问题。需求的重要性通常用权重来定量描述。权重的主观性很强，为避免过分主观的权重值影响产品决策，可以采用以下两种方法来确定需求的权重。

1）协商。依据开发人员的客户服务或工作经历，协商确定需求重要性并赋予合理的权重值。

2）调研。面向需求权重，进行进一步的客户调研。可以通过面谈的方式进行，现在也可以借助智能手机应用软件进行。

调研时，可用 1~5 的数值表达需求特征的权重：

1 分：特征不需要，不会考虑有这样特征的产品。

2 分：特征不重要，但不介意产品具有这样的特征。

3 分：特征还不错，但不是必需的。

4 分：特征非常好，但也会买没有该特征的产品。

5 分：特征非常关键，不会购买没有该特征的产品。

例如，普通消费者对汽车的主要需求见表 7-1。

表 7-1　普通消费者对汽车的主要需求

编号	客户需求	权重	编号	客户需求	权重
1	外观美	5	4	制动快	5
2	舒适	5	5	加速快	4
3	省油	5			

7.3　确定设计规格与指标

客户需求的实质是产品的品质，它由消费者决定。例如，消费者希望汽车具有加速快、制动及时及省油的品质（表 7-1）。这些品质经过设计人员的调研和分析，翻译为客户需求的性能参数（表 7-2）：从静止加速到每小时 80 公里的时间是 6s，从每小时 100km 减速到 0 的制动距离是 50m，耗油量为每百公里 7L。这些就是量化的客户需求，也就是产品设计规格或设计指标。客户需求大多是定性的描述，因此，方案设计的第一步就是将客户需求"翻译"成产品规格（图 7-4）。

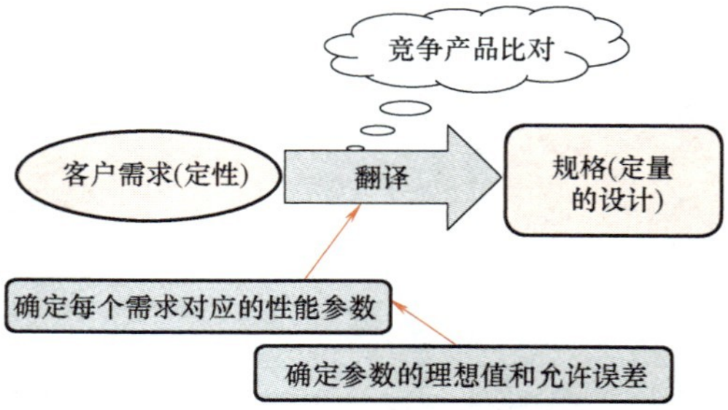

图 7-4　客户需求与产品规格

1. 客户需求与设计指标

产品规格代表了客户需求，但还不是客户需求的解决方案，是产品需要做什么的定量描述。需要注意的是方案设计所确定的技术参数和规格是预估的、初步的，更详细的技术规格和参数需要在后续方案设计与论证及详细设计与论证中不断完善、补充及细化。

2. 性能参数表

理想情况下可以采用一个参数或指标对应一个需求。如制动快及加速快的需求都可用一个指标对应（百公里时速制动距离及从静止加速到每小时 80km 的时间）。有一些需求需要用多个指标和参数来控制，如舒适度与车内振动和噪声相关，需要用减振阻尼及车内噪声两个指标控制。对于不能定量描述的客户需求，直接将需求列入指标中。如外观美是无法度量的客户需求，在性能参数表中直接列出。

表 7-2　对应客户需求的性能参数

编号	客户需求编号	参数与指标	权重	单位
1	1	外观美	5	
2	2	减振阻尼	5	dB
3	2	车内噪声	5	dB
4	3	百公里油耗	5	L
5	4	百公里时速制动距离	5	m
6	5	从静止加速到每小时 80km 的时间	4	s

确定性能参数的要点：

1）应该全面考虑客户需求涉及产品哪些参数。

2）指标或参数应该是非独立变量（如可以是质量，但不能是材料等独立变量）。

3）什么（what）而非怎么（how）原则（描述需要实现什么，而不是怎样去实现）。

4）指标或参数应该切合实际：①可测量；②可观测；③可分析。

5）不能定量描述的参数延后或另行考虑（如外观、时尚、感觉等），这些参数对时尚敏感的现代市场非常重要。①将需求表达句直接作为规格参数；②需要注意的是这些参数通常是主观性参数；③可以通过客户调研或研讨进行评分量化。

6）参数应该包含市场流行的指标，如行业媒体（杂志，互联网行业网址）常采用的指标或参数（如家用车行业的百公里油耗等）。

3. 收集竞争产品的信息

竞争参数对照表可以按下述方法设计（表 7-3）：

表 7-3　竞争产品参数对照表

编号	客户需求	权重	长城哈弗	吉利	奇瑞	比亚迪
1	外观美	5				
2	舒适	5				
3	省油	5				
4	制动快	5				
5	加速快	4				

1）行对应客户需求。

2）列对应竞争产品。

3）表中对应品牌满足客户需求的程度可以按 1~5 的数值评分。

表 7-3 反映了各产品满足客户需求的程度，收集竞争产品信息非常耗时和昂贵，包括①购买竞争产品；②测试；③拆卸；④确定最有竞争力的产品（面向客户需求得分最高的产品）；⑤估算最有竞争力产品的制造成本。

4. 确定参数目标值及其允许值

参数目标值或理想值是设计团队最希望得到的参数值或设计值。允许值则是刚好满足功能、经济可行的参数值。这两项数值对产品设计与开发非常重要，既是方案设计的基础，又是方案选择的依据（表 7-4）。当然，这些参数值在完成方案选择后还需要在后续设计与开发过程中进行斟酌。表达参数值的五种方法是：①至少为 X；②最大为 X；③在 X 和 Y 之间；④以 X 为准；⑤系列离散数值。

表 7-4 对应客户需求的性能参数目标值及允许值

编号	客户需求编号	参数与指标	权重	允许值	目标值
1	1	外观美	5		
2	2	减振阻尼	5	>10dB	>15dB
3	2	车内噪声	5	<86dB	<66dB
4	3	百公里油耗	5	最大 10L	最大 7L
5	4	百公里时速制动距离	5	最长 50m	最长 40m
6	5	从静止加速到每小时 80km 的时间	4	最慢 8s	最慢 6s

7.4 方案生成

产品方案生成一般可以由五个阶段组成：问题分解、外部调研、内部研发、系统整合及方案空间评估。

1. 问题分解

在产品策划、规划及方案设计前期阶段已经就客户需求进行了详细分析和总结，明确了客户是谁、客户需求是什么以及对应客户需求的产品规格。在着手方案设计工作时还需要确定哪个是关键"子问题"，为此必须对产品所要解决的问题进行分解。产品开发问题属于复合问题，复合工程问题的分解方法很多（详见 2.5 节），方案设计通常采用问题（功能）分解、用户动作顺序、关键客户需求等方法进行分解，分解过程可以一直持续进行下去，直到获得可以独立求解的简单子问题。

方案设计阶段的复合问题分解可将问题看成是一个完成物料流、能量流及信号流功能的黑箱，再将黑箱分为几个子问题（功能）模块，各子问题模块还可进一步分解为更简单的孙问题模块，重复分解过程直到孙问题能够单独求解（图 7-5）。功能模块及子问题模块只描述产品的功能元件需要解决什么问题（完成什么功能），但不要提供或暗示任何工作原理或实质解决方案（即"什么"而非"怎么"原则）。功能（问题）分解可以参照一个现有产品进行功能（问题）分解［如自行车的功能分解（图 2-12）］，也可以按照团队生产的一个产品方案进行分解，或者按已知的子功能技术进行分解。

按照用户动作的分解就是按照需要完成的动作步骤进行分解，用于很多功能需要用户干预的产品，如图7-6所示的手动编织机。

客户主要关注的是产品外观，而不是技术时，产品设计可以按关键客户需求进行分解。如牙刷、杂物存储器、家具等（图7-7）。

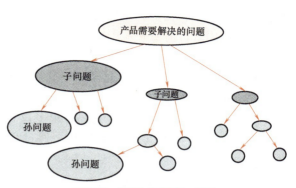

图 7-5　问题（功能）分解

2. 外部调研

在完成问题分解之后，方案生成首先聚焦关键的子问题，包括：

1）决定产品成功与否的关键子问题。

图 7-6　手动编织机

图 7-7　客户需求以外观为主的产品

2）有利于产品的新颖性及创造性解决方案的子问题。

如智能手机关键子问题涉及无线通信技术、指纹识别、声纹识别及脸识别技术等。

外部解决方案调研，可从总体解决方案以及关键子问题的解决方案着手。可以与产品头部用户或经验丰富的客户面谈，头部用户或经验丰富的客户对现有产品性能熟悉，其反馈信息有利于改进，是产品增量创新的源泉。外部调研可以咨询业内技术专家，还需要进行专利检索，以调研相关的发明。对研发产品相关的技术期刊或行业期刊进行文献检索，也是获取解决方案信息的重要途径。对于竞争激烈的行业，比对竞争产品，评估类似产品的特征和优势，采用逆向工程（主要避免专利侵权）进行性能-质量比较，从而可以明确团队目前所开发产品的优势与不足。

3. 内部研发

两次诺贝尔奖获得者美国化学家、化学工程师及教育家莱纳斯·卡尔·鲍林（Linus Carl Pauling，图7-8）曾说过"得到好的设想的最佳途径是先获得很多设想"。因此在方案生成阶段，产生尽可能多的设想，通过量变到质变，提升方案设计的质量。

图7-8　莱纳斯·卡尔·鲍林（Linus Carl Pauling）

内部方案挖掘和研发，就是通过个人思考与团队思考交替进行，以获得尽可能多的解决方案。为最大限度生成解决方案的策略有很多，主要有著名的头脑风暴、方案触发及TRIZ等。

头脑风暴法由创造学发起人及广告策划人亚历克斯·奥斯本（Alex F. Osborn，图7-9）于1938年首先提出。头脑风暴是一种基于团队合作创造性解决问题的方法。奥斯本的头脑风暴法要点：①聚焦想法的数量，量变到质变；②总是拓展或增加设想；③方案创成阶段，禁止对设想（包括非寻常的、奇特的设想）进行评判；④鼓励、欢迎奇特的设想，奇特的设想往往具有不同的视角，可能会提供更好的解决方案；⑤融合并改进设想，融合不同的设想可能会产生一个新的、更好的设想。

设想（方案）触发是一种基于头脑风暴的多轮方案创成循环过程，通常采用专用的思维触发卡片（图7-10）或万事贴。

图7-9　亚历克斯·奥斯本

图7-10　思维触发卡

1）第一轮：个人方案生成过程。设计团队成员独自生成解决方案，通过个人的休息/生成交替进行，产生至少3~5种解决方案。

2）第二轮：团队成员依次逐条介绍各自的设想或方案以"触发"其他成员产生新的设想或方案（图7-11）。其他成员受启发产生新的设想或方案时，不打断正在介绍方案的进程，独自在新的卡片上写下该设想或方案。

3）休息5~10min。

4）后续轮次：只宣读新的设想或方案。

5）重复上述宣读-触发流程，直到无法产生新的设想或方案为止。

TRIZ 中文翻译为"发明问题解决理论"，英文名为 TIPS（theory of inventive problem solving），是由苏联发明家根里奇·阿奇舒勒（Genrich Altshuller，图 7-12）在 1946 年提出的，TRIZ 主要通过解决设计问题中的技术冲突来获得创新的设计。阿奇舒勒采用 39 种工程参数（质量、长度、面积、体积、速度、力等）来定义产品或系统中的技术冲突，如强度与轻量化就是运输产品（如飞机、汽车等）中普遍存在的冲突。产品的强度需要提升材料的厚度，这就导致增加额外的质量，与轻量化的设计目标发生冲突。阿奇舒勒在研究了数万发明专利后，把这些冲突归纳为 40 条独有的解决方案或创新原理。TRIZ 的解法策略最著名的有 TRIZ 冲突矩阵及 ARIZ 算法。TRIZ 试图通过设计确定解的方法（可重复、可靠的方法）来获得完美的设计方案，以克服头脑风暴中的随机性与不确定性。

图 7-11　团队触发更多解决方案

图 7-12　苏联发明家根里奇·阿奇舒勒

4. 系统整合

系统整合可以采用方案分类树及方案组合表的方式进行。系统整合引导进一步的创造性思维，从而生成更多的解决方案，系统整合是方案生成的策略而不是方案生成的终点。

方案分类树就是将所有解决方案按树状结构进行分类（图 7-13）。然后消去不太可行的解决分支，对某些分支进行进一步分解、细化。方案分类树的图形结构与前述的问题分解（图 7-5）类似，其区别在于图 7-5 描述了需要实现的功能（完成什么功能

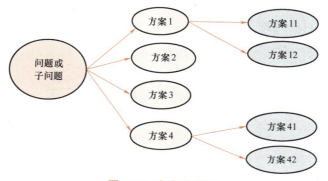

图 7-13　方案分类树

what)，而图 7-13 则提供了各种潜在的解决方案（怎么去实现功能 how）。

方案组合表则是将子问题解决方案组合成不同的整体解决方案（表 7-5）。如总体解决方案可以是解决方案 1+解决方案 b+γ 解决方案+解决方案 A。方案组合表中列的数量不应该超过三到四列，这样可以控制总的组合数量。

表 7-5　方案组合表

功能（子问题）1	功能（子问题）2	功能（子问题）3	功能（子问题）4
解决方案 1	解决方案 a	α 解决方案	解决方案 A
解决方案 2	解决方案 b	β 解决方案	解决方案 B
解决方案 3	解决方案 c	γ 解决方案	解决方案 C
解决方案 4	解决方案 d	δ 解决方案	解决方案 D

分类树和组合表是团队合作求解方案时可以灵活运用的工具，组织团队思维并引导团队的创造性能量，分类树与组合表对一种产品来说是开放性的（无标准答案）。

例 7-3　机器系统的方案整合。

现代机器系统一般都可以按功能划分为动力源、传动系统、控制系统及实现功能的执行系统四个子功能模块（图 7-14）。动力源、传动及控制系统的方案分类树如图 7-15、图 7-16 及图 7-17 所示。机器执行系统则对应不同的功能要求，存在较大的差异。对于有人驾驶的汽车执行系统方案树如图 7-18 所示。

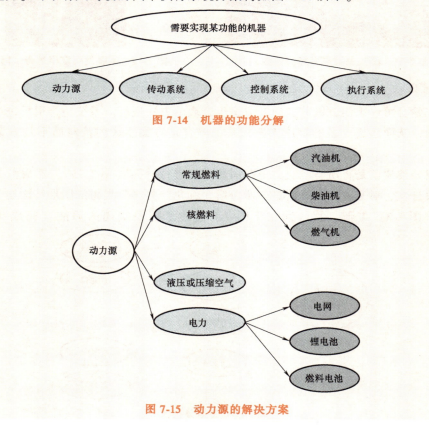

图 7-14　机器的功能分解

图 7-15　动力源的解决方案

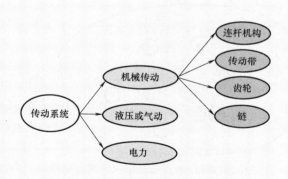

图 7-16 传动系统的解决方案

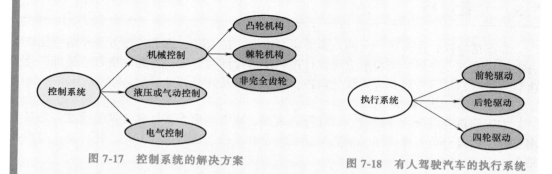

图 7-17 控制系统的解决方案

图 7-18 有人驾驶汽车的执行系统

对于特定的系统可以采用决策表对上述方案分类树的内容进行整合。有人驾驶汽车的方案设计系统整合方案决策表见表7-6。通过表7-6可以获得多种汽车整体系统设计的解决方案。

表 7-6 有人驾驶汽车的系统整合方案决策表

动力源	传动系统	控制系统	执行系统
汽油机	机械传动	液压控制	前轮驱动
柴油机	液压传动	气动控制	后轮驱动
燃气机	气体传动	电气控制	四轮驱动
电动机(锂电池)	电动机驱动		
电动机(燃料电池)			

5. 方案空间评估

产品设计与开发问题大多为开放式的问题,即产品设计问题的解(方案)不是唯一的,而是多解的。可以把产品问题的设计解作为一个解空间来对待。这个解空间就是 N 维设计解(方案)空间(图7-19)。前述方案生成策略只能获得部分解(已知解),可以通过调整已知解的部分参数获得更多的、可行的已知解。当然,还应尽可能获得更多的其他未知解。在结束方案生成阶段时,需要评估团队所获得的众多设计方案是否充分挖掘了解空间,能否进一步挖掘未知解。

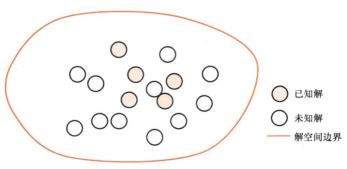

图 7-19　*N* 维设计解（方案）空间

7.5　方案选择

方案选择就是在前述产生的众多解决方案中，结合客户需求进行方案评估，比较各方案的优缺点，选择一到两个方案进行进一步的设计与开发。方案评估与选择可以分两个阶段进行，第一阶段是方案筛选阶段，第二阶段是方案评分阶段。

1. 方案筛选阶段

方案筛选阶段分六步进行。设计筛选表格、确定参照方案、确定评价标准，给各方案打分，按得分给方案排序，对方案进行整合和改进，选择最佳方案，评估筛选过程及结果。

第一步　设计筛选表格（表7-7），可以采用物质介质。对于个人或小的团队，且评价标准不多的情况可以采用纸张，对于大团队研讨，可以采用黑板。评判标准的指标应对应客户需求及产品规格（如外观、便于使用、便于制造、便于运输等）。用于对比的参照方案可以是目前流行的产品，如果没有现有产品可以参照，可以选择现有方案中较好的方案作为参照。

表 7-7　方案筛选表

评价标准	方案 1	方案 2	方案 3	方案 4	方案 5	方案 6	参照
外观	+	0	0	+	0	+	0
使用方便	0	+	+	−	+	−	0
便于制造	+	0	−	+	+	+	0
便于运输	−	0	+	0	+	+	0
功能 1	+	0	+	0	+	+	0
功能 2	0	+	+	+	−	0	0
+	3	2	4	3	4	4	0
−	1	0	1	1	1	1	0
0	2	4	1	2	1	1	0
净得分	2	2	3	2	3	3	0
排名	4	4	1	4	3	2	7
决策	考察	考察	保留	考察	保留	保留	

第二步　给方案打分，对比参照方案，给出相对分数。"+"：优于参照方案；"0"：

与参照方案一样；"－"：劣于参照方案。

第三步　按得分给方案排序，综合各方案获得的"＋""0""－"，得分高的排序靠前。

第四步　对方案进行整合和改进，验证筛选结果，筛选结果应该符合常理或工程判断。同时思考融合和改进某些方案的方法，删除考察方案中的劣质特征，整合优良特征。

1）找出造成方案评分差异的1~2个评判准则。

2）一个好的方案可能毁于一个糟糕的特征，只需少许修改就可以保留该方案。

3）两种平庸的方案结合各自优点消除各自缺点可能得以保留。

第五步　选择最佳方案。整合得到的方案再进行评分，选择最佳方案，最佳方案可能多于一个，对于落选的较好的方案也要保留考察的机会。通过方案评估，明确最有潜力的方案，选择其中一到两个方案做进一步的细化和分析。

第六步　评估筛选过程及结果。若每个成员都觉得筛选结果合理，即可以降低错误的概率，增加团队的信心。如果有成员对结论不满意，可能会是以下原因：缺少了一个或多个评价指标；某个打分错误，或不是很清晰。这时需要调整评价准则，重复第一到第五步。也可以考虑进入下一阶段，进行细化的方案评分决策。

2.　方案评分阶段

方案评分阶段主要是通过提升分差分辨率，赋予评价标准以权重，进一步差异化候选方案。仍然按六步实施。

第一步　设计评分表。与前一阶段类似（确定评价标准、参照产品），评价标准的权重需要结合客户需求的重要性加以确定。评分表采用计算机工作表进行排序和敏感度分析（表7-8）。

表 7-8　方案评分表

评价标准	权重	方案 3		方案 5		方案 6		参照
		评分	加权分	评分	加权分	评分	加权分	
外观	5%	4	0.2	4	0.2	5	0.25	0
使用方便	15%	5	0.75	5	0.75	3	0.45	0
便于制造	20%	3	0.6	5	1	5	1	0
便于运输	10%	5	0.5	5	0.5	5	0.5	0
功能 1	20%	5	1	5	1	5	1	0
功能 2	30%	5	1.5	3	0.9	4	1.2	0
得分			4.55		4.35		4.4	0
排名		1		3		2		
决策		保留		考察		考察		

第二步　给候选方案打分。团队讨论，按评价标准，逐条给所有方案打分。为了提高分辨率，采用更细化的分段：

相对参照方案的性能	得分
差很多	1
差一些	2
一样	3
好一些	4
好很多	5

第三步　按得分进行方案排序。将得分与权重相乘，累加加权得分后排序。

第四步　整合并改进方案。寻找可以改进的方案修改或合并，寻找最具有创新性的方案进行完善或改进。

第五步　选择最佳方案。专注一到两个方案，最终的选择不是简单的最高分原则，需要进行敏感度分析，即改变权重和评分标准，确定其对最终排名的影响。

第六步　评估评分过程与结果。重点评估将要舍弃的方案，是否存在稍加改进就可入选的方案。最终入选的方案需要通过多部门（市场部、制造部、采购部等）的共同认证。

7.6　小结

方案设计非常难，但成本占比不高。错误的方案设计会造成后期巨大的代价。方案生成是产品开发最重要的也是最难的工作，没有确保成功的方法，需要获取尽可能多的方案。团队合作产生大量新思路、新设想，团队合作策略包括头脑风暴、设想触发、TRIZ、方案分类树与方案组合表等。

方案生成阶段不仅需要考虑总体解决方案，而且需要考虑关键子问题的解决方案。消灭一个奇怪的、疯狂的新想法比产生一个想法要容易得多。

习题与思考题

7-1　收集课程项目产品的需求信息。

7-2　撰写需求表达句并整理需求表达式列表。

7-3　以 1~5 表达需求的权重。

7-4　产品规格与设计参数如何确定？

7-5　基于课程项目的客户需求，确定规格参数。

7-6　确定课程项目产品规格参数的目标值和允许值。

7-7　设想或产生至少 5 种合理的解决方案。

7-8　对团队生成的方案进行系统拓展。

7-9　简述方案分类树与问题分解的联系与区别。

7-10　画出方案分类树，用方案组合表对某分支进行细化。

7-11　检查解决方案和方案生成过程。

7-12　什么是方案空间？

7-13　所在课程项目组是否充分探索了整个解决方案空间？

7-14　是否存在其他的功能分解图？是否有另外的问题分解方法？

7-15　外部现有的解决方案调研是否充分？

7-16　是否考虑了所有团队成员的想法？整个方案生成过程中是否体现了这些想法？

7-17　对课程项目方案进行筛选与打分。

7-18　对所选择的方案进行可行性分析并撰写可行性分析报告。

第 8 章

详 细 设 计

本章学习目标

1. 能够理解模块化设计与集成化设计的要点。
2. 能够绘制功能元素图。
3. 能够对功能元素图进行聚类。
4. 能够绘制系统几何结构简图。
5. 能够对模块进行分解。
6. 能够设计底层模块。
7. 能够进行关联设计。
8. 能够进行设计校验。
9. 能够在设计过程中确定零部件或子系统的允许制造误差。

8.1 系统设计

产品可以从功能和实体加以构思和表达。产品的功能是指满足客户需求需要完成的任务（如汽车需要高速移动、方向控制、倒车、制动等功能）。实体则是要实施或完成功能的零件、部件或子系统。功能表达了客户需求（要解决的问题，要做什么），实体表达了实现方案或策略（如何去解决问题），实体涉及具体的产品实现技术及工艺方案。方案设计阶段已经按照产品功能要求初步确定了产品实体的粗略实施方案（问题的分解、采用的技术及大概的技术路线）。在完成方案设计后，产品实体还需要进一步明确（零部件具体结构、相互如何关联、接口参数如何、材料如何选择、如何校验等），这些需要通过进一步的详细设计工作进行落实。

详细设计的第一步就是产品系统设计。系统设计首先要确定各功能模块如何用实体加以实现，需要定义产品功能模块各实现实体的总体架构，功能元素如何在实体模块（物理模块）排列，相互间如何关联。功能模块可以有两种实体实现方式，一种是模块化的实现方式（图 8-1），另一种是集成化的实现方式（图 8-2）。

　　模块化的产品架构就是将类似的功能元素聚集到不同的实体模块（图8-1）。如图8-1中所示的实体模块 1 与实体模块 2，两者之间的关联简单、边界清晰，便于设计开发。典型的产品如索尼随身听（耳机与机体为两个独立模块），瑞士军刀（一把刀具一个功能模块）及台式计算机（主机、显示器、键盘及鼠标等多个独立模块）（图8-3）。模块化的产品架构便于产业分工合作，便于零部件标准化实现批量生产，从而降低制造成本。

　　集成化产品设计如图8-2所示，集成化设计要求用一个实体模块集成尽可能多的甚至所有功能。实体中的功能模块之间关联复杂，设计开发难度高，但有利于减少零件数从而降低成本。典型的集成化设计的产品如智能手机（图4-14）、照相机及笔记本式计算机（图8-4）。

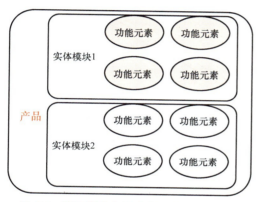

图 8-1　模块化的产品功能元素与实现实体

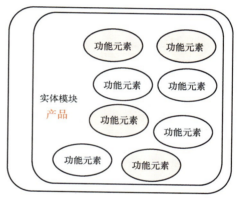

图 8-2　用一个实体模块实现所有
产品功能元素的集成化设计

图 8-3　索尼随身听、瑞士军刀及台式计算机

　　集成化设计带来的简洁、美观、便携及经济性是几乎所有产品开发者追求的目标。但在产品设计初期，以实现功能为主要目标，为降低设计难度，通常采用模块化设计。集成化设计是在模块化设计的基础上的整合与改进，这种集成化改进可以是产品级的整合，也可以是零部件级的整合。集成化设计是工业设计及面向制造的设计（降低了零件的数量，从而大幅度降低了制造成本）的重要手段之一。如指甲剪从模块化设计（图8-5a）演变到集成化设计（图8-5b），零件数从至少 6 个零件降到只需 3 ~ 4 个零件，而且产品外观也大幅度改善。

图 8-4　集成化设计的照相机及笔记本式计算机

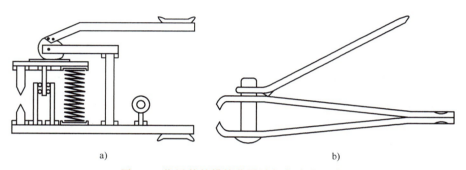

a)　　　　　　　　　　　　　　　　b)

图 8-5　指甲剪的模块化设计与集成化设计

产品系统模块化设计也称系统架构设计，可按以下步骤进行：

1）绘制产品的功能元素分布图。

2）将功能元素归类聚集到实体模块。

3）画出产品的粗略几何布置简图。

4）识别实体模块之间的关联并定义这些关联。

5）定义辅助系统。

1. 功能元素分布图

绘制产品的功能元素分布图，需要理解产品的基本元素，可以是真实的零部件或功能方块图（解决方案尚未确定或有待进一步开发），需要考虑多种可能的分布方式。以普通车床为例，其功能元素分布图如图 8-6 所示。车削加工需要在操作工人的控制下，通过工件转动及刀具的二维运动实现工件的几何形状。工件与刀具需要夹持在车床上，所以需要夹持功能元素。刀具的二维运动需要两个方向的运动控制元素。

2. 功能元素归类并集合到实体模块

产品功能需要落实到产品实体中才能实现，因此功能元素需要归类聚集到相应的实体模块。功能元素归类聚集要点如下：

1）方便功能元素的几何集成与精度保证。如集中需要高精度定位的元素（图 8-7中所示的主轴模块），集中需要密切几何集成的元素（图 8-7 中所示的刀架模块）。

2）尽量共用零部件。

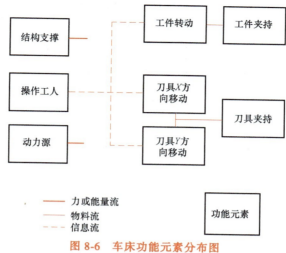

图 8-6 车床功能元素分布图

3）集中相似功能元素。如电路板、显示面板。

4）集中需要经常变动的元素。如产品的外观部件：机盖、汽车车身。

5）方便多标准。世界各地有不同电源标准，将电源集中于一个模块。

6）有利于标准化。产品可以共享一个通用元素，如打印墨盒、机床的切削刀具。

7）便于传送。如远距离传送，电信号比机械力和运动容易传送。

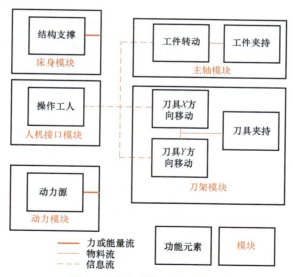

图 8-7 车床功能元素聚集图

3. 绘制几何布置简图或制作简易实物模型

在完成功能元素归类聚集后，应该考虑各实体模块的大致外观形状及相互接口或位置关系。可以用二维（图8-8）或三维简图（图8-9）来描述实体模块间的几何关系，二维及三维简图一般手工绘制，也可借助计算机绘图软件制作。如果需要更直观的模型，也可以利用一些设计软件，制作简单的计算机数字模型。有时为了便于论证，甚至可以考虑制作实物模型，如纸板模型、泡沫塑料模型或 3D 打印模型（图 8-10）。这些简图及实物模型都是为了检查归类聚集方案是否合理，检查元素及模块间潜在的各种干涉（如几何干涉、热干涉及电磁干涉等）。

为了便于后续的设计与开发工作，在绘制几何布置图阶段，可以考虑就产品外观及人机接口问题咨询工业工程师。

图 8-8　车床的二维简图

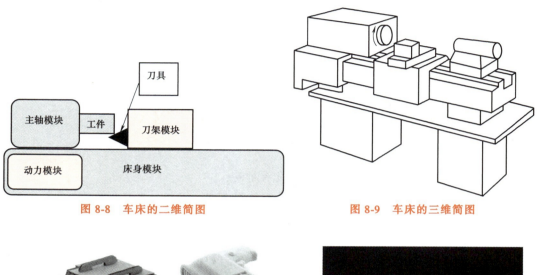

图 8-9　车床的三维简图

图 8-10　实物模型

4. 识别模块之间的关联

产品的功能通过模块之间的相互协调与配合加以实现。可以将模块之间的相互关系称之为关联。这些关联中有为实现功能而设计的关联，可以将它们称为目标关联、功能关联或设计关联。如图 8-6 及图 8-7 所示，连接各模块间的粗实线、细实线及虚线代表这些不同属性的设计关联。

除了设计关联，各模块因发挥各自功能，可能带来振动、热变形、电磁或射频干涉（或屏蔽），这些因素可能会影响相邻模块及整机系统正常工作。这些干涉或影响因素称之为固有关联或干扰关联（图 8-11，图 8-12）。

5. 定义关联

在识别了模块之间的关联之后，需要从空间、能量、内部物流及信息四个方面进一步定义这些关联及其属性。

1）模块之间的空间关联属于实体关联或物理关联，如相互配合的零件及运动部件。

2）模块之间的能量关联除了设计关联（如电流、力的传递等），还存在固有关联

图 8-11　固有关联或干扰关联

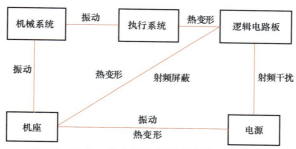

图 8-12　机电一体化产品模块间的常见固有关联

（如电动机运行发出的热量、振动等）。

3）模块之间的物流关联除了设计关联（如打印机中穿过不同模块的纸张、3D 打印机中的增材原料等的物流），也存在固有关联（如潮湿的空气及空气中的粉尘等）。

4）模块之间的信息关联除了设计关联（如模块间输出或反馈的信号等），也存在固有关联（信号流带来的固有电磁干扰、手机金属外罩对无线发射信号的屏蔽等）。

上述这些关联需要在详细设计中实现（功能）或者应对（干扰）。

6. 定义辅助系统

功能元素图主要展示实现产品功能所必须解决的子问题。除了这些必须解决的子问题外，为了聚焦功能元素的重点，产品还有一些重要的、辅助性的问题未在功能元素图中展示，如安全系统、状态监测系统、结构支撑甚至动力系统都未涉及，而这些辅助系统通常涉及多个模块，一般在主架构设计决策完成后考虑。

8.2　实体设计

8.2.1　模块架构设计

从整个产品供应链的角度来看，工程师所开发的产品（如电动机、工控机、发动机等）可能就是其他产品或系统中的一个模块或子模块（图 8-13）。因此，模块有时就是一个产品。模块的架构设计也与产品系统设计一样，需要遵循上述产品系统设计的所有步骤实施：模块功能分解、绘制模块的功能元素分布图、聚集分布图中的元素、绘制几何结构简图、识别子模块的关联、定义关联并定义辅助系统。

在实体设计中，由于需要确定产品所有的细节，这时模块功能分解需要反复进行，

直到所有黑箱都被透明化,即到达最终的底层模块。底层模块概念清晰、相对独立,它可能是:

1) 子系统或产品 [如电动机、计算机及可编程控制器 (图 8-14)] 等。
2) 标准的软件操作系统或平台 (图 8-15)。
3) 零件、部件及组件 [如轴、齿轮 (图 8-16) 等]。
4) 芯片、外壳或机罩 (图 8-17) 等。

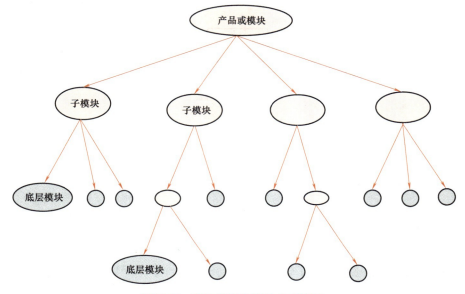

图 8-13　产品链中的模块与子模块

图 8-14　独立的子系统

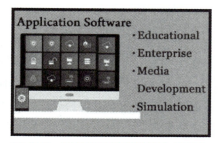

图 8-15　标准的软件操作系统或平台

图 8-16　机械零件

118

实体设计过程就是完成底层模块的功能、几何形状、各种接口、材料选择等设计任务，以实现满足用户需求的产品功能。

图 8-17 外壳或机罩

8.2.2 功能与结构设计

底层模块的功能与结构设计通常涉及机械工程（力，热，能量，振动……）、电气工程（控制、信号……）、软件工程（实现功能的编程……）、电子工程、材料工程等几乎所有工科领域。底层模块的功能设计主要涉及子系统的选择（需要根据产品功能的设计指标确定输入输出参数）与开发、零部件的选择或设计（图 8-18），底层模块的结构设计主要是零部件选择或几何机构详细设计。

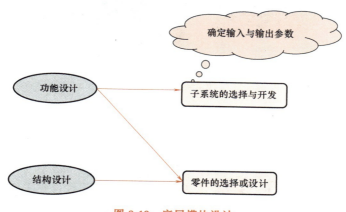

图 8-18 底层模块设计

1. 功能设计

功能设计就是按照功能模块对应的设计指标，完成产品的设计。包括产品技术方案的选用或决策，虽然产品技术方案在方案设计阶段已经初步确定，但还需要在详细设计阶段就方案的技术细节及其竞争力、经济性、环保性等做进一步论证、完善和决策。如对于打印机产品，通常需要在激光与喷墨技术之间进行决策。

功能设计在确定实现技术的具体细节要求后，通过软件及硬件设计，将选择的技术应用到产品，这时设计团队需要完成相应的子系统选择或开发。子系统选择一般涉及标准系统［如电动机、计算机（图 8-14）等］的供应商选择。若某子系统缺乏合适供应商，则该子系统需要团队自主开发，如产品的应用软件、控制单元等通常需要设计团队自行完成开发。无论是选择标准系统还是自主开发，都需要仔细定义并确定涉及功能模块的输入与输出参数，以及详细的实体接口结构和几何尺寸（图 8-19）。

2. 结构设计

结构设计完成模块所有物理细节设计，如确定各零部件的材料（材料的选用将在第 9 章详细介绍）、形状及详细尺寸等。为降低制造成本，零部件选择与设计过程中尽量采用标准件，如标准的螺母及螺栓、轴承及弹簧等（图 8-20）。有些特殊需要的零件

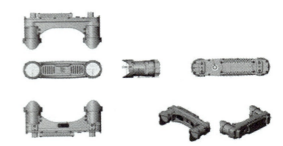

图 8-19 实体接口

图 8-20 标准件

图 8-21 定制的零件

也可以向标准件供应商定制（图 8-21）。机架、外壳及特殊支撑结构常常需要自行设计开发（图 8-22）。有时为了进一步降低成本，需要在标准件与集成化设计之间进行权衡和决策。

图 8-22 需要开发的零件

8.2.3 关联设计

如前所述，模块间的关联有为满足功能要求而设计的关联，也有因模块工作而带来的、相互影响的固有（干扰）关联。关联设计就是将各分裂的、独立的模块，基于产品实现技术，进行协调、匹配并整合为一个完整的、实现产品功能的系统。

关联设计过程中，同时还要考虑各模块间潜在的固有（干扰）关联，并采取合适的设计策略加以应对。关联设计涉及模块间的物流、空间、能量及信息关系，不同的产品可以根据关键子问题从这四个角度采取不同的设计策略。

1. 基于物料（流）关联的设计

有些产品或系统会涉及流动物料问题，如自动化流水线上的产品、打印机中的打印纸、笔中的墨水等就是产品或系统中的流动物料。这时的关联设计需要完成移动物料穿越产品各模块时的实体接口设计，同时需要考虑固有（干扰）关联，如振动、热变形（温度），空气的湿度甚至空气中的尘埃等对相邻模块乃至整个产品发挥功能的影响。如果系统中的物料是电子产品（智能手机、计算机、电视机及其零部件等），则还要考虑自动化生产线的电磁干扰是否危及生产过程中电子产品的安全，反之亦然。

2. 基于空间（物理）关联的设计

空间关联是指各模块在空间中的相互物理关系（图8-23）。空间设计关联是产品为完成功能需要的模块间的物理距离，配合或连接方式，配合或连接的几何形状及尺寸等。空间固有物理关联则是指配合表面的表面粗糙度、制造误差等。模块间的空间关联设计可以分为静态关联设计和动态关联设计，设计时需要采取不同的策略。

图8-23 空间关联图

图8-24 铆钉

（1）模块静态关联设计 产品各模块的空间静态关联（相互位置固定），通常需要采用物理连接，有些是不需拆卸的连接，有些是不常拆卸的连接及经常拆卸的连接。对应这些物理连接方式的零件有永久紧固件［如铆钉（图8-24）］、半永久紧固件［如快速插头（图8-25）、过盈配合件（图8-26）］及可拆卸连接件［如螺纹连接（图8-27）、各种插头（图8-28）］。在设计过程中按照功能需求、生产制造成本及后续运行维护及检修方便的原则进行选择。参考相应的工程设计手册也是非常有效的模块静态空间关联设计策略。

图8-25 快速插头（销）

图8-26 过盈配合

图8-27 螺纹连接件

图 8-28　插销/头/口

（2）模块动态关联设计　产品各模块的动态关联通常有平移运动关联、转动关联及复合运动关联。平移运动关联由直线运动部件实现，如直线运动导轨提供滑动支撑（图 8-29）。转动关联由滑动轴承（图 8-30）、滚动轴承（图 8-31）实现。复合运动关联则需要通过设计专门的机构加以实现（图 8-32）。

图 8-29　直线运动导轨

图 8-30　滑动轴承　　　　　　　　图 8-31　滚动轴承

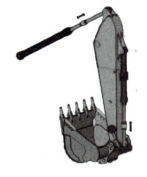

a) 挖掘斗　　　　　　　　　b) 汽车刮水器驱动系统

图 8-32　实现复合运动的机构

例 8-1 传动轴的空间设计。

图 8-33 所示为常见的变速箱传动轴结构。轴肩提供所有零件的轴向定位（静态关联），螺钉与键用作齿轮或带轮的紧固定位，均为可拆卸静态关联。轴承提供轴与机体的运动接口（转动关联）。

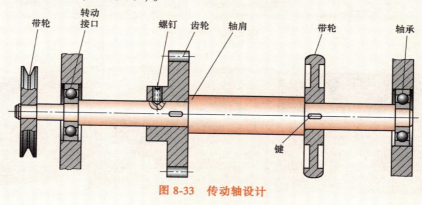

图 8-33 传动轴设计

3. 基于能量（流）关联的设计

模块间的能量流关联设计是指为完成产品或系统功能，对模块间的能量传递方式进行设计。能量传递设计常见的有电能传递设计 [电源到电动机、电子器件之间的电能传输（图 8-34）]、机械能传递设计 [变速箱中的齿轮传动、带传动及链传动等（图 8-35）] 及热能传递设计 [暖通系统、蒸汽发电系统等（图 8-36）] 等。模块间的固有能量关联也是需要在能量关联设计中仔细考虑的重要因素，如各模块的发热对模块及系统的影响，模块间的相互作用力对结构的强度和刚度影响等，都需要在详细设计阶段详细分析和处理（图 8-37）。

图 8-34 电能传递

图 8-35 机械能传递

图 8-36　热能传递

图 8-37　固有能量关联

4. 基于信息（流）关联的设计

模块间的信息流关联设计是指为完成产品或系统功能，对模块间的信息流内容、传递及交互方式进行设计。信息流内容按照产品功能要求涉及或包含触发信号、输入信号、输出信号及反馈信号等，传递及交互方式可以是无线传输或有线传输。信息流设计需要仔细考虑模块间的电磁/射频（EMI/RFI）固有关联（干扰关联），如图 8-38 所示。

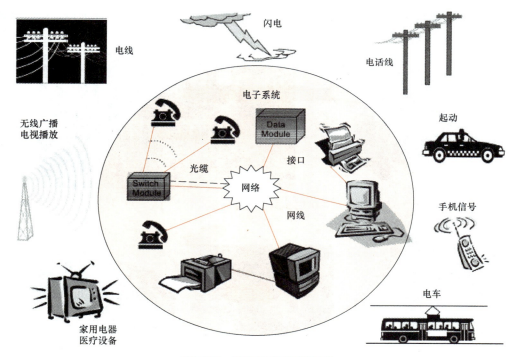

图 8-38　常见电磁/射频干扰

5. 关联或接口设计要点

关联设计不仅需要确保模块自身功能的实现，还需要确保在自身模块工作时所带来的固有关联（如干扰等），不影响相邻模块稳定发挥功能。例如，防止模块间的电磁辐射干扰通常采用屏蔽电磁辐射干扰的装置（图8-39）。在空间关联设计时，还要重点关注模块的可装配性及制造公差累积（参见8.3.3小节）等问题（图8-40）。

图 8-39　屏蔽电磁辐射干扰的产品

图 8-40　产品的装配

6. 功能和结构设计的切入策略

功能和结构设计需要根据产品的特点采用不同的设计切入策略。一般从一个关键子问题入手，然后以空间关联向外展开。也可以从重要的模块关联入手，如对于打印机设计可以从物料流关联入手，首先考虑移动纸张穿越各模块的实体接口设计，然后沿空间关联逐步展开到整个产品。再如对于金属切削机床设计，则从能量关联入手，首先设计传递切削能量的机床主轴箱。而对于电子或软件产品，则一般从信息流入手进行功能和结构设计。

125

例 8-2 车床功能与结构设计。

车床是机械设备制造企业所需的常用设备之一。主要用于回转类零件的加工。车床完成车削加工的问题，可以按图 8-41 所示以基于功能的方式进行分解。显然，车削功能关键子问题是主轴转动功能和刀具移动功能。

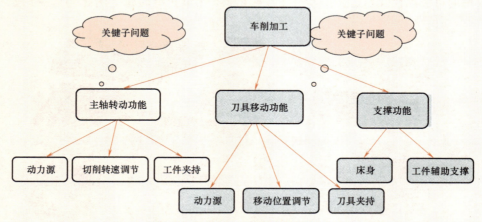

图 8-41　车削加工问题的功能分解

车床功能元素分布图及其聚集图如图 8-6 及图 8-7 所示，车床的二维简图如图 8-8 所示。车床功能与实体设计从关键子问题模块-主轴模块入手。主轴转动功能进一步分解为动力源、切削速度调节及工件夹持功能，如图 8-42 所示。这些均为底层模块。

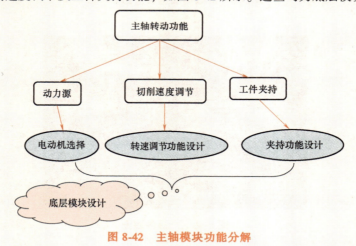

图 8-42　主轴模块功能分解

下面结合 CA6140 车床的技术要求进行后续设计（CA6140 是一种在原 C620 型普通机床基础上加以改进的卧式车床，C 代表车床，A 为结构特性代号，6 代表卧式，1 表示卧式车床；40 是机床主参数，代表最大回转直径 400mm）。

CA6140 车床主电动机功率为 7.5kW，要求实现 24 级主轴转速（r/min）：10，12.5，16，20，25，32，40，50，63，80，100，125，160，200，250，320，400，450，500，560，710，900，1120，1400。

　　结合上述技术要求，主轴模块的动力源（底层模块）为电动机，主要参数为
7.5kW，1450r/min。选择一个合适的电动机供应商，获取详细的接口及功能参数。
转速调节功能设计（底层模块）需要完成 24 级速度调节的转速实现方案如图 8-43
所示，采用齿轮传动系统加以实现的转速分配方案如图 8-44 所示，齿轮传动系统设
计采用齿轮齿数比组合获得所需要的切削速度（图 8-45）。

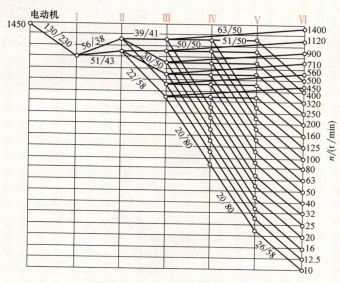

图 8-43　CA6140 主轴转速图

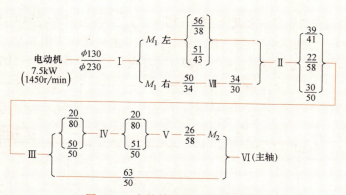

图 8-44　齿轮传动转速分配方案

　　主轴模块采用能量关联设计，对从电动机到切削点（图 8-46）之间所有环节的
能量传递方式及其关联（包括设计关联及固有关联）展开详细设计工作。设计关联
主要考虑切削力引起的力回路设计（约束各零件自由度的静力学、运动学、动力学
设计），固有关联则考虑力回路中涉及零件的强度、刚度问题（采用最危险状态设
计原则进行设计，例如：最大的切削负荷施加于最弱或最关键的零件；进行强度和
刚度检核）以及制造误差问题。

图 8-45 齿轮齿数比设计

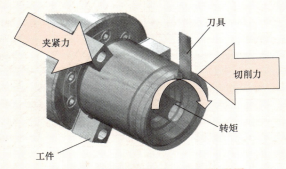

图 8-46 切削点的能量（力）关联图

按切削力回路的顺序依次设计主轴（图 8-47）。齿轮对及传动轴设计包括轴、轴承、定位件（键，销，螺钉……）等（图 8-33）以及主轴箱设计（图 8-48）。同时还需要考虑针对摩擦等固有关联问题的辅助系统设计（如润滑、散热系统等）（图 8-49）。

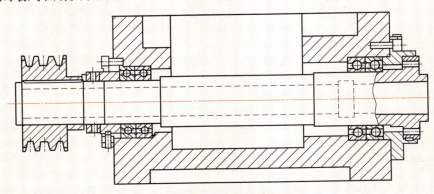

图 8-47 主轴设计

在完成关键子问题主轴箱设计后可以继续设计另一个关键子问题，即刀具的 X-Y-Z 向定位与运动，之后设计主轴箱、工件及刀架的支撑结构，如床身、尾座并对这些模块进行空间关联设计（主轴箱与床身接口、刀架与刀、刀架与床身接口等）。

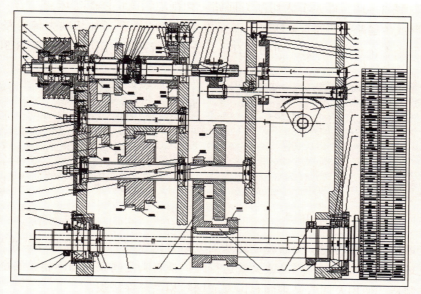

图 8-48　主轴箱设计

图 8-49　轴承润滑油孔设计

8.2.4　设计评估

在完成详细设计之后，通常需要进行大量的设计评估工作，评估是为了进一步验证设计方案及各功能模块能否协调工作以满足客户需求。详细设计验证需要制作产品或系统物理或数字样机，将各模块进行"组装"，以检查模块间潜在的尺寸及装配干涉，并从功能、关联及性能三个方面验证详细设计工作。

功能验证主要检验产品设计功能能否满足用户需求（能否工作）。如前述车床设计案例，验证车床提供的切削力是否足够进行金属切削。关联验证主要确认设计关联能否保证产品或系统稳定、可靠地实现功能（如力的平衡、信息流的畅通等）。力的传递路线是否封闭是结构关联设计重点考察和验证的内容。例如，悬索桥的力传递路线：地面-桥头桥墩-悬索-河道桥墩-河床（地面）形成封闭力回路，将拉杆承受的桥梁承重传递到地面（图 8-50）。再如车床切削力回路：切削点-主轴-主轴箱-床身-刀架-刀具-切削点。力回路或传递路线的固有关联也是需要重点验证的内容［如切削力传递路线中涉及的零件变形是否在允许范围内，可通过有限元分析进行强度、刚度校验（图 8-51）］。

图 8-50　力的传递路线　　　　　　　图 8-51　强度、刚度有限元分析

性能评估需要在功能、关联验证的基础上结合国家或行业规范做进一步的可靠性、安全性及环保评估。例如，产品或系统运行维护是否满足国家或国际相关安全标准，产品或系统制造、使用及回收是否满足国家或国际相关环保法规。

8.3　确定允许制造误差

如前所述，空间关联设计需要定义产品或零件的大小（图 8-52）、位置（图 8-53）及姿态（图 8-54）。

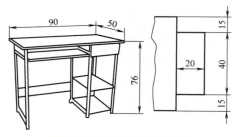

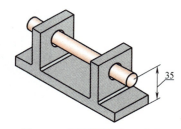

图 8-52　产品或零件的尺寸　　　　　　图 8-53　零件间的相互位置

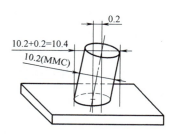

图 8-54　零件在产品中的姿态

由于在实际生产过程中存在各种误差（如制造设备自身的误差、人为操作误差、材料性能偏差、环境温差引起的制造误差等），实际上无法准确实现或达到设计中规定

的几乎所有性能指标（如尺寸、位置及姿态等），因此无法制造出所希望的、在图样上画出的完美零件（图 8-55）。过大的制造误差无疑会影响产品性能，甚至使产品无法实现相应的功能。所以必须在设计过程中面对制造误差，规定相应的允许值（图 8-56），通常把这种允许值称之为公差。公差就是产品性能可以接受的尺寸变化，公差值就是相应极限值之间的数字差（图 8-57）。

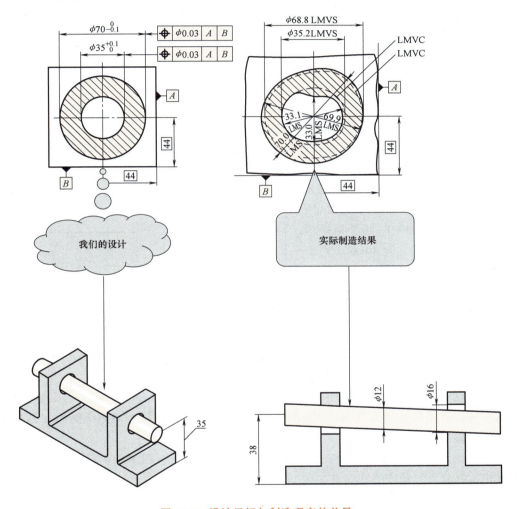

图 8-55 设计目标与制造现实的差异

图 8-56 理想值与允许值

131

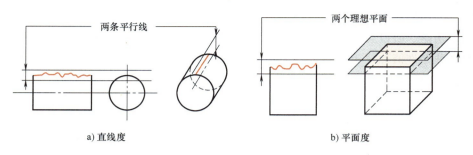

a) 直线度   b) 平面度

图 8-57 定义公差值的理想直线或理想平面

8.3.1 制造误差的分类与控制方法

制造误差可分为四类：尺寸误差、定位误差、定向误差及形状误差。在设计中需要针对这些误差定义控制方法，即定义允许误差或公差。

用尺寸公差控制尺寸误差如图 8-58 所示，图中"40"是理想尺寸，$40^{+0.2}_{-0.1}$ 表示尺寸在 $39.9 \sim 40.2$ 范围内都能满足设计要求，而 40 ± 0.1 则表示尺寸在 $39.9 \sim 40.1$ 范围内都能满足设计要求。

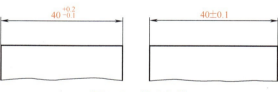

图 8-58 尺寸公差

以位置公差控制位置误差。位置公差包括位置度、对称度及同轴度等。如图 8-59 所示，"⊕"表示位置度。图 8-59a 所示为孔的轴线相对基准 A 偏离不能超过 0.3mm，图 8-59b 所示为左面相对基准孔的轴线 A 偏离不能超过 0.3mm，而图 8-59c 所示为孔相对 A、B 及 C 三个基准面的偏差不超出直径为 $\phi0.3mm$ 的圆形区域。

对称度用来控制标注实体相对基准的对称程度。图 8-60a 所示为轴上的键槽相对轴线的对称误差不能超过 0.04mm，图 8-60b 所示为零件中的凹槽相对两个侧面（基准 A）的对称误差不能超过 0.02mm。

同轴度用来控制两个实体轴线的吻合程度（图 8-61）。图 8-61a 所示为标注方法，图 8-61b 所示为同轴度的几何意义。

以方向公差控制姿态误差。由于零件的姿态变化较多，常需要不同的姿态公差来定义和控制相应的姿态误差。方向公差包括垂直度、平行度及倾斜度。垂直度用来控制一个几何实体（面、线等）相对另一参考面（基准）的垂直程度（图 8-62）。

垂直度用"⊥"符号表示。图 8-62a 所示为左侧表面相对基准底面 A 的位置变化范围不超出与 A 面垂直的、间距为 0.06mm 的两个理想平面。图 8-62b 所示定义了垂直度的意义，图中 c 和 b 是两个与 d 零件同时需要无缝拼接的零件，理论上 c 和 b 之间应该没有间隙 a，即 a 应该为 0，但由于零件 c、b 及 d 均存在制造误差，所以 a 是客观存在的。这时可以根据产品具体功能、性能要求及制造能力合理给出 a 的允许值，表现在零件 c 和 b 上就需要定义其垂直度公差，以满足功能及制造要求。

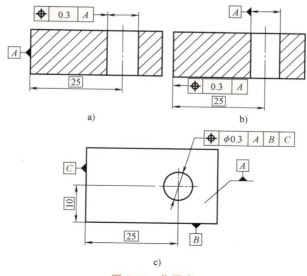

图 8-59 位置度

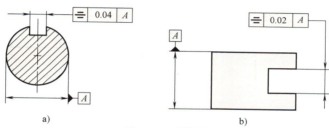

图 8-60 对称度

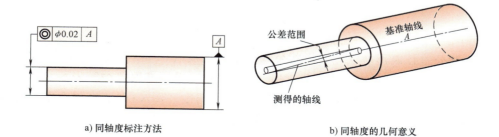

a) 同轴度标注方法   b) 同轴度的几何意义

图 8-61 同轴度

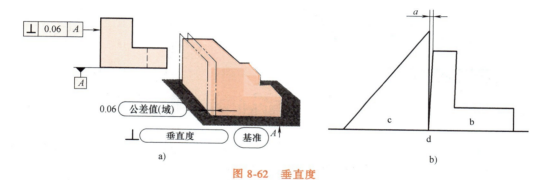

图 8-62 垂直度

平行度用"∥"表示。如图 8-63 所示，标注平行度的平面不能超出与基准面 A 平行的两个相距 0.1mm 的理想平面间的范围。

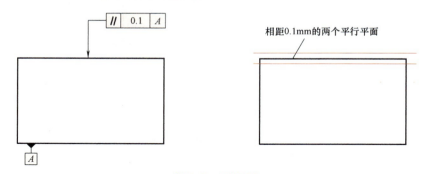

图 8-63　平行度

倾斜度用"∠"表示。如图 8-64 所示，标注倾斜度的 $\phi10$ 孔的中心线不得超过与基准 A 面成 60°角、相距 0.01mm 的两个平行平面之间的范围。

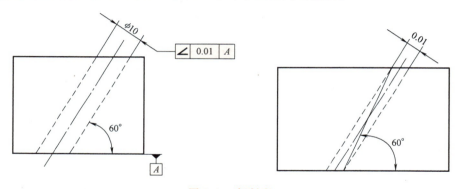

图 8-64　倾斜度

用形状公差控制形状误差。形状公差包括直线度（图 8-57a）、平面度（图 8-57b 及图 8-65），圆度及圆柱度等。直线度用"—"表示，平面度用"▱"表示，圆度用两个同心圆包络实际零件实体，同心圆半径之差即为圆度（图 8-66），圆柱度用两个同轴圆柱包络零件实体，同轴圆柱半径之差则为圆柱度（图 8-67）。

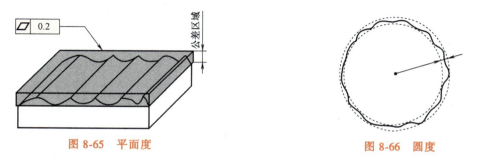

图 8-65　平面度　　　　　　　　　　　图 8-66　圆度

事实上，除了上述常见控制制造误差的几何公差外，还有不少用于控制制造误差的其他几何公差，详见公差配合与技术测量的相关书籍。

8.3.2 确定公差值

明确了需要控制的误差之后，就需要
确定该将误差控制到什么程度，即公差值
是多少才合适。从设计的角度，公差值越
小越好，但从制造的角度，随着对公差要
求的提升，制造成本成几何级数增大。因
此，确定公差值需要综合考虑设计指标
（涉及产品功能和性能）、制造难度和制造
成本，权衡利弊后赋予具体的公差值。从

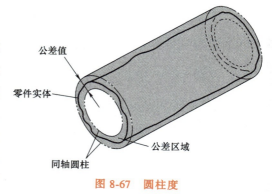

图 8-67　圆柱度

通俗的角度表述就是公差数值刚好使产品满足功能要求，避免过度严格。各种设计手册
都有一些合理的公差推荐值供设计工程师参考。本小节结合机床传动轴组件的公差设计
来说明如何根据功能要求确定具体的公差值。

例 8-3　轴组件的公差设计。

如图 8-33 所示的传动轴，涉及多种孔与轴的配合，需要根据功能要求进行公差
配合设计。传动轴需要与带轮、轴承、齿轮及键配合，轴承还需要与轴承座（箱
体）配合，键还需要与各轮毂配合。键与轴及轮毂的配合主要满足对称度要求。而
轴与孔的配合问题则需要按轴与孔的功能要求进行分析和设计。轴和孔的关系一般
可分为间隙配合、过盈配合及过渡配合三类。要求在轴上自由滑动或转动的轮孔需
要采用间隙配合，要求与轴固定为一体（强调连接刚度的配合）的轮孔则采用过盈
配合。介于两者之间的其他配合可以考虑选用过渡配合。可通过定义公差带来方便
地定义这三种配合（图 8-68）。

间隙配合的公差带永不重叠（图 8-69），间隙值永远为正（间隙值最大为 $C_{\max}$，
最小为 $C_{\min}$），允许轴与孔的自由转动与滑动。

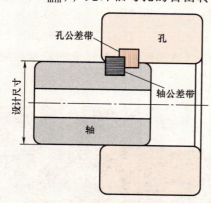

图 8-68　轴孔配合公差带

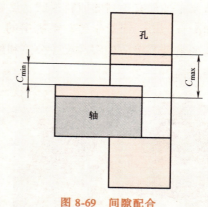

图 8-69　间隙配合

过盈配合轴径永远大于孔径，公差带也不重叠（图 8-70），但间隙值永远为负值。
装配刚性高（几乎永不松动），可加热孔（热胀）或冷却轴（冷缩）进行装配。

过渡配合公差带永远重叠（图 8-71），可以有间隙最大为 C_{max} 的间隙配合，也可以有过盈量最大为 I_{max} 的过盈配合。

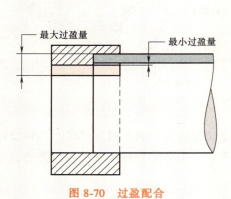

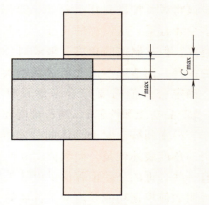

图 8-70 过盈配合 　　　　　　　　　　　图 8-71 过渡配合

确定公差值就是确定公差带的数值，这取决于公差等级。选择公差等级首先应保证使用要求，既要满足设计要求，同时也要考虑到工艺的可能性及经济性。选择最佳加工精度是一个非常复杂的技术经济问题。它不仅要考虑加工成本，而且要考虑由于加工精度的提高而增加的装配成本，以及精度对产品使用性能和经济指标（可靠性、使用寿命、燃料消耗等）的影响。在设计产品时，公差等级的规定是本着既能保证机器的精度和零部件的互换性，又能保证制造机器的经济性。就是说只要低的精度能够保证机器的功能和精度，就不要过高地要求零部件的精度，那样会增加制造成本。具体应该根据该机器的种类和某种零件的用途来确定其公差等级，使用时可参考有关机械设计手册中列举的各种零件的推荐公差等级，灵活应用。例如，同样是轴的设计，对于机床主轴，因为需要保证工作精度（图 8-72），所以通常需要主轴具有很高的回转精度，这就要求主轴上的相关零部件具有严格的尺寸公差和配合公差。而对于传动系统中的一般的传动轴（图 8-73），则不需要如主轴一样高的精度等级，各零件尺寸公差和配合公差可以适当放松，但过低的精度会导致噪声过高。

图 8-72 机床主轴 　　　　　　　　　　　图 8-73 普通传动轴

8.3.3 公差累积

由于设计图样或数字模型都是按照名义尺寸进行的，而按照公差制造出来的零部件与设计尺寸存在差异，在装配完成后，设计阶段不存在的干涉或超差问题，由于零部件尺寸误差的累积，导致部件某个维度的总体尺寸在装配后超出或小于原来的设计值，产生尺寸干涉等现象，就是公差累积问题。

如图 8-74 所示，箱体内的零件由于制造累积误差的原因，装配完成后轴部件会与箱体发生干涉，导致无法转动。

有时产品需要确保重要尺寸精度（图 8-75a），这时就必须考虑公差累积问题（如图 8-75b），否则重要的性能尺寸就无法保证。公差累积问题在产品或系统设计时需要仔细应对，可以参阅有关公差累积和分析的专著或教科书。

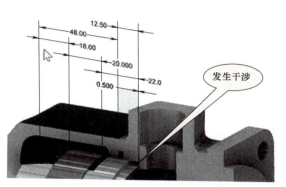

图 8-74 公差累积

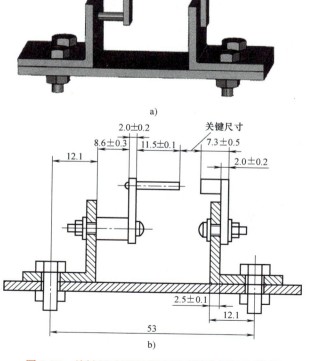

图 8-75 关键尺寸需要考虑尺寸链公差叠加效应

8.4 小结

　　详细设计涉及系统设计、实体设计、公差设计及材料选择（将在第9章详细介绍）。
系统设计按功能要求结合解决方案进行功能元素分类与聚集、总体几何结构设计。
　　实体设计落实每个功能模块的详细设计（包括模块功能分解、底层模块功能与实
体设计及模块关联设计）。可从关键子问题或关联问题展开实体设计。
　　制造误差是详细设计必须面对和认真分析应对的问题。需要基于功能性、工艺性及
经济性确定每个零件合适的公差值，并考虑公差累积效应。

习题与思考题

8-1　绘制课程项目涉及产品的功能元素分布图。

8-2　将功能元素分布图中的元素聚集到模块并绘制几何结构简图。

8-3　识别模块间的关联并定义关联。

8-4　绘制课程项目产品所有模块的功能元素分布图。

① 将功能元素分布图中的功能元素集中到一个子模块中。

② 绘制模块的几何结构简图。

③ 识别（子）模块间的关联。

8-5　确定课程项目功能及实体设计的入手点：从关键子问题还是从关键关联问题入手。

8-6　完成所有底层模块的设计。

8-7　完成所有关联设计。

8-8　查阅公差与技术测量书籍或相关手册，解释如图8-76所示公差的含义。

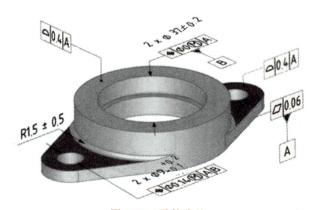

图 8-76　零件公差

8-9　给出课程项目中所有零件的公差。

8-10　考虑课程项目中是否存在公差累积效应问题。

8-11　进行设计评估。

8-12　准备详细设计书面报告和课堂答辩。

第 9 章

材料选用

本章学习目标

1. 能够认识材料的基本性能。
2. 能够认识复合材料及其应用。
3. 能够了解智能材料及其应用。
4. 能按设计要求选择材料。
5. 能按工艺要求选择材料。
6. 能按环境要求选择材料。

9.1　材料的性能

　　产品设计与开发过程中基于产品对材料的性能要求，应综合考虑功能、工艺、环境及成本因素选择材料。材料的性能包括物理性能、化学性能、传热性能、导电性能及力学性能。力学性能常常是产品设计与开发关注的重要性能之一。力学性能包括弹性模量（刚度）、强度、韧性、延展性及最高工作温度等。材料的力学性能可以通过拉伸试验获得的材料应力-应变曲线（应力是指作用于试件单位面积上的负载矢量，应变是指由负载产生的相对变形）进行定量表达。拉伸试件安装于试验机（图9-1）的两个夹持器之间，起动拉伸试验机将试件拉伸至断裂为止（图9-2），在此过程中计算机自动记录施加于试件上的负载和由此而产生的变形，并根据试件横截面积和长度换算成应力与应变，并生成相应的应力-应变曲线（图9-3）。

1. 应力-应变曲线表达的材料力学性能

　　图9-3所示是典型的塑性材料（如低碳钢、铝等）应力-应变曲线。塑性是指材料在发生断裂前所能产生的最大变形量，因此塑性材料不易断裂、破碎（图9-4）。反之，脆性材料是易碎材料，发生断裂前变形量小甚至不发生变形。铸铁、混凝土、陶瓷及玻璃等是典型的脆性材料（图9-5）。

　　进一步观察图9-3，可以将应力-应变曲线分为弹性变形（B点之前的曲线）与塑性

图 9-1　拉伸试件、试验机及试验过程

变形（B 点之后的曲线）两个区域。B 点之前应变小，B 点之后变形迅速扩大直至断裂。

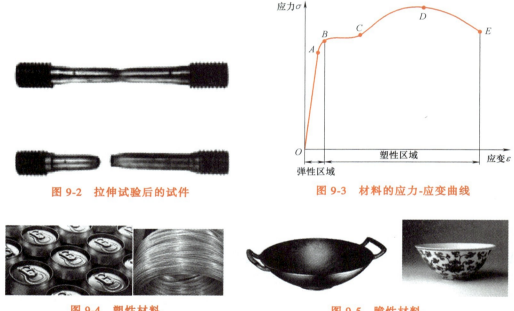

图 9-2　拉伸试验后的试件

图 9-3　材料的应力-应变曲线

图 9-4　塑性材料

图 9-5　脆性材料

A 点之前的应力与应变是直线关系，所以 A 点被称为比例极限。这时材料的应力与应变可以用数学模型描述为

$$\sigma = E\varepsilon \qquad (9\text{-}1)$$

式中，斜率 E 对应材料的一项性能，定义为弹性模量。

B 点为弹性极限，在 B 点之下，材料依然是弹性变形，但 A-B 点之间的弹性变形不是比例关系。

B-C 之间的区域，称为屈服区域（小幅度增加应力值也会产生较大的应变，表明材料屈服失效），该区域的应力值对应材料的屈服强度。

进一步增大应力 σ 到 D 点，被定义为材料的下（上）屈服强度，这是材料能够承受的最大应力。D 点之后，试件棒横截面开始收缩直至在 E 点发生断裂（图9-3）。

2. 弹性模量与刚度

应力应变直线部分的斜率 E 被定义为弹性模量，其实质是材料抵抗弹性变形的能力。弹性模量越大，发生弹性变形所需要的负载越大，材料的刚度越好。弹性模量低的材料通常被称为柔性材料，很小的载荷就可以使柔性材料发生显著的变形（图9-6）。常用材料的弹性模量如图9-7所示。

图 9-6 刚性材料与柔性材料

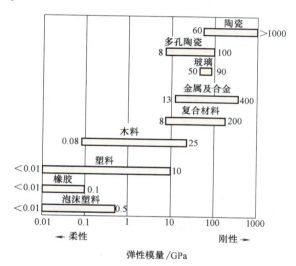

图 9-7 常用材料的弹性模量

3. 强度

材料的强度是指材料抵抗永久变形（塑性变形或断裂）的性能（图9-8），高强度材料需要很大的载荷才能使其发生永久变形。需要注意高强度材料与刚性材料的区别，后者需要很大的载荷使其发生弹性变形。常用材料的强度如图9-9所示。

4. 韧性

韧性是材料抵抗断裂或破损的性能（图9-10）。要使韧性材料［如低碳钢、铝合金等塑性材料（图9-11）］发生断裂和破碎需要产生大幅度的塑性变形，因此需要花费大量的能量，塑性材料都具有很强的韧性。而脆性

图 9-8 发生永久变形（塑性变形）的零件

材料［如玻璃、陶瓷等（图9-11）］强度可能很高，但容易破损或断裂，断裂时只需消耗很少的能量。测量材料韧性的试件如图9-12所示。常用材料的韧性如图9-13所示。

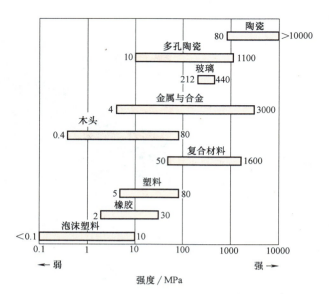

图 9-9 常用材料的强度

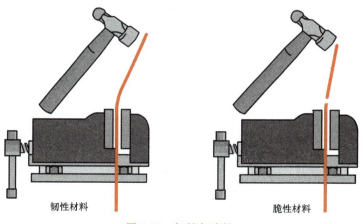

图 9-10 韧性与脆性

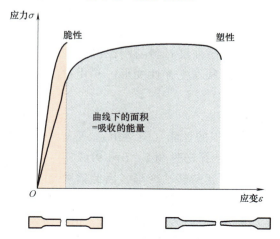

图 9-11 韧性（塑性）与脆性材料断裂所吸收的能量

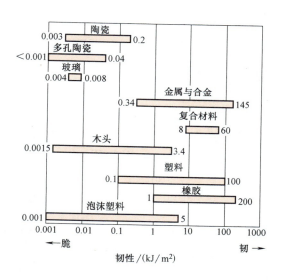

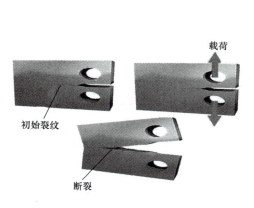

图 9-12　测量材料韧性的试件

图 9-13　常用材料的韧性

5. 延展性

延展性（图 9-14）是材料的塑性指标，是断裂前发生的塑性变形量（图 9-15）。塑性材料（大部分金属）具有较大的延展性，脆性材料（陶瓷等）几乎没有延展性，常用材料的延展性如图 9-16 所示。

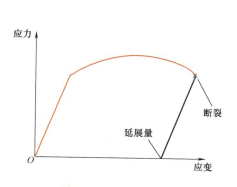

图 9-14　延展量测量

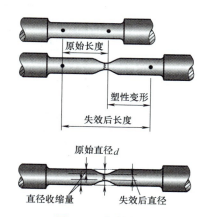

图 9-15　塑性变形

6. 最大工作（服务）温度

材料的强度随温度上升会降低（图 9-17），材料只能应用于特定的极限温度之下（最高工作温度），才能保证其力学性能，常用材料的最大工作温度如图 9-18 所示。

7. 其他重要的力学性能

材料还有一些重要的力学性能指标，如硬度（图 9-19）、疲劳性能（图 9-20）、阻尼性能（图 9-21）及耐磨性能（图 9-22）等，都会对产品性能和使用寿命产生重要的影响。

143

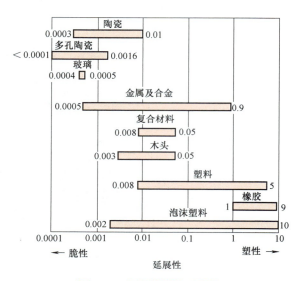

图 9-16 常用材料的延展性

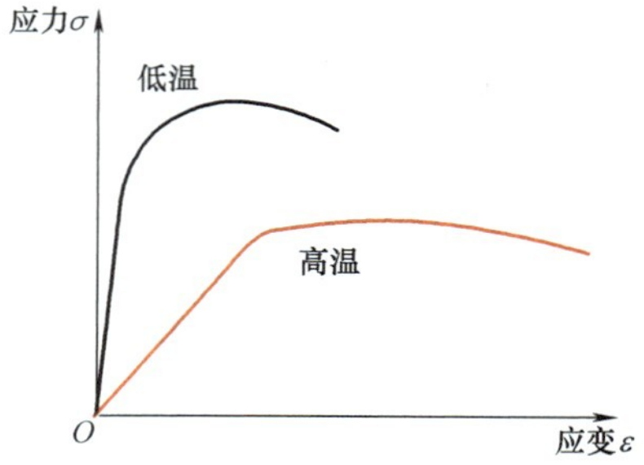

图 9-17 温度与材料力学性能的关系

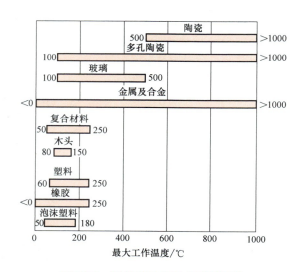

图 9-18 常用材料的最大工作温度

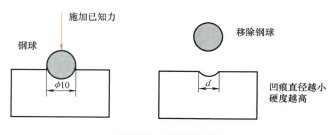

图 9-19 材料的硬度

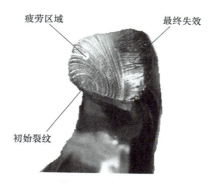

图 9-20 疲劳性能

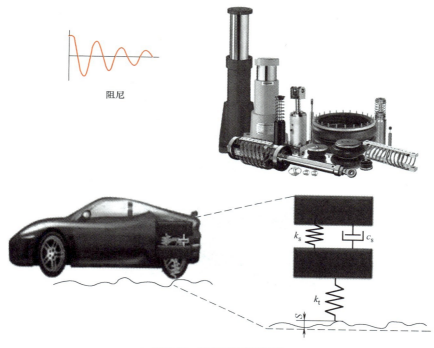

图 9-21 阻尼与减振系统

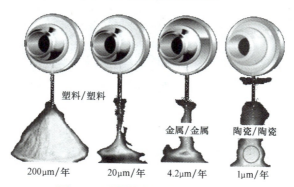

图 9-22 不同材料组合的年磨损率

9.2 复合材料

复合材料是由两种以上的材料形成的新材料（图9-23），复合材料的性能超越任何一种原单个材料的性能。如塑料与陶瓷复合材料（图9-24），其弹性模量（刚度）大于塑料，而韧性比陶瓷高。金属与陶瓷复合材料（图9-25）则有比金属高的弹性模量和工作温度，而韧性又比陶瓷高。

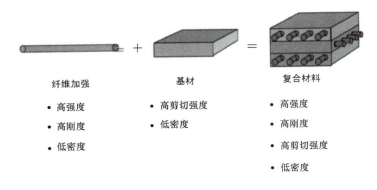

纤维加强

- 高强度
- 高刚度
- 低密度

基材

- 高剪切强度
- 低密度

复合材料

- 高强度
- 高刚度
- 高剪切强度
- 低密度

图9-23 复合材料

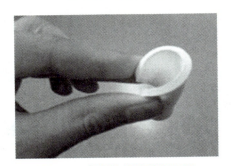

图9-24 塑料与陶瓷复合材料

图9-25 金属与陶瓷复合材料

复合材料有颗粒增强型复合材料及纤维增强复合材料两大类型（图9-26）。常见的颗粒增强型复合材料有混凝土、轮胎等（图9-27）。常见的纤维增强复合材料有碳纤维增强塑料（CFRP，图9-28）及玻璃纤维增强塑料（GFRP，图9-29）。这两种复合材料均具有低密度、高弹性模量及高强度的特性，广泛应用于汽车、飞机等产品中（图9-30）。

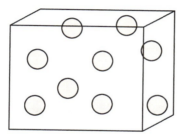

a) 颗粒增强型复合材料

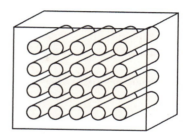

b) 纤维增强复合材料

图 9-26　两类复合材料

a) 混凝土

b) 轮胎

图 9-27　颗粒增强型复合材料

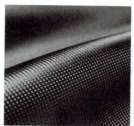

图 9-28　碳纤维增强塑料

图 9-29　玻璃纤维增强塑料

图 9-30　碳纤维及玻璃纤维材料的应用

147

9.3 智能材料

智能材料（smart material）是一组具备特殊性能（压电、变色及形状记忆等）的材料。

压电智能材料包括压电陶瓷材料、电活性聚合物及磁致伸缩材料等。

1. 压电陶瓷

压电陶瓷的压电效应及压电陶瓷片元器件如图 9-31 及图 9-32 所示。

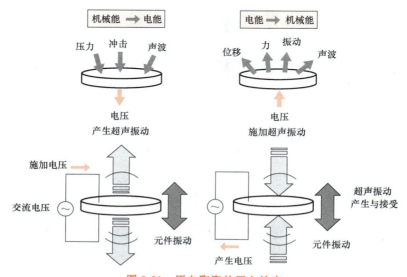

图 9-31　压电陶瓷的压电效应

当压电陶瓷受到压力、冲击或声波时，压电陶瓷会产生一定幅度的电压，这时压电陶瓷把机械能转换成了电能，这种效应可以用于制作传感器（如力传感器等）（图 9-33）。反之，当在压电陶瓷上施加交变电压时，压电陶瓷会产生位移、力、振动及声波，这时压电陶瓷将电能转换成了机械能，这种效应可以用于制作驱动器、电动机及换能器等（图 9-34）。

图 9-32　压电陶瓷片元器件　　　　**图 9-33　传感器**

a) 驱动器   b) 电动机   c) 换能器

图 9-34 电能转换为机械能的应用

2. 电活性聚合物

电活性聚合物（electroactive polymer，EAP）与压电陶瓷有类似的特性（图 9-35），不仅能将电能转换为机械能，也能将机械能转换为电能。

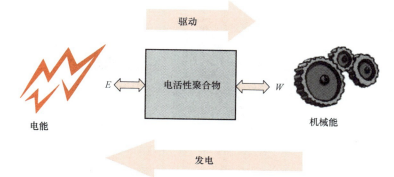

图 9-35 电活性聚合物压电特性

当电活性聚合物受到压力时，电活性聚合物会产生一定幅度的电压，这时电活性聚合物把机械能转换成了电能，这种效应可以用于制作传感器（图 9-36）和集能器（图 9-37）。反之，当在电活性聚合物上施加交变电压时，电活性聚合物会产生变形，这时电活性聚合物将电能转换成了机械能，这种效应可以用于制作驱动器（图 9-38）。

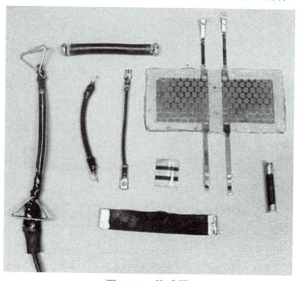

图 9-36 传感器

图 9-37 集能器

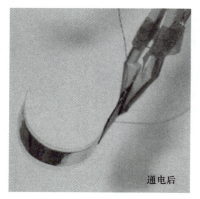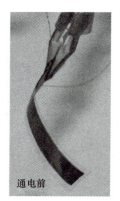

通电后　　通电前

图 9-38 驱动器

3. 磁致伸缩材料

磁致伸缩材料（图 9-39）在磁场中磁化时，在磁化方向会发生伸长或缩短（图 9-40）。这种特性和前述压电陶瓷及电活性聚合物一样，可以用于传感器（图 9-41）和驱动器（图 9-42）。

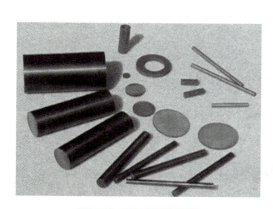

图 9-39 磁致伸缩材料

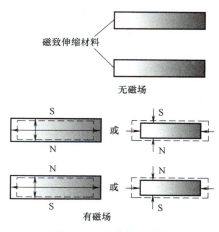

图 9-40 磁致伸缩特性

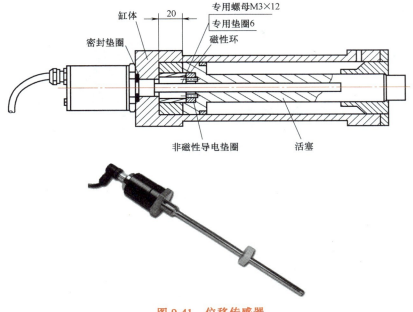

缸体　专用螺母M3×12
专用垫圈6
密封垫圈
磁性环
非磁性导电垫圈　活塞

图 9-41　位移传感器

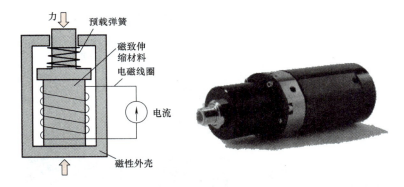

力　预载弹簧
磁致伸缩材料
电磁线圈
电流
磁性外壳

图 9-42　驱动器

4. 纳米晶体材料

纳米晶体材料吸收光线并以不同的颜色发出光线，纳米晶格的大小（埃米级，即比纳米小一个数量级）决定光线的颜色。长波紫外光灯激发的六种量子点（quantum-dot）如图 9-43a 所示。纳米晶体材料可以用于智能窗户（图 9-44）。

5. 热致变色材料

热致变色材料系指受热后颜色可变化的新型功能材料（图 9-45），其根据工艺配方的不同，可得到各种变色温度和各种不同的颜色，可以可逆变色或不可逆变色。这种高技术材料可调配成变色油墨、油漆和涂料，也可以成为纤维染料。

6. 形状记忆塑料

形状记忆塑料是在室温以上一定温度下变形，并能在室温下固定形变且长期存放，当再升温至某一特定温度时，能很快恢复到变形前形状的高分子材料（图 9-46，图 9-47）。

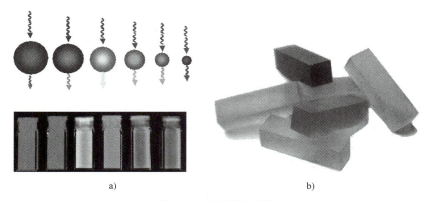

a)   b)

图 9-43　纳米晶体材料

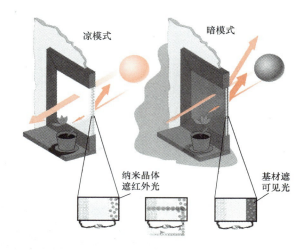

凉模式　　　　　　　暗模式

纳米晶体
遮红外光

基材遮
可见光

图 9-44　智能窗户

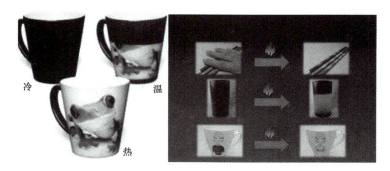

冷　　　　　温

热

图 9-45　热致变色材料

7. 形状记忆合金

形状记忆合金（shape memory alloys，SMA）是由两种以上金属元素所构成的材料，通过热弹性与马氏体相变及其逆变而具有形状记忆效应（shape memory effect，SME，图 9-48）。形状记忆合金是目前形状记忆材料中形状记忆性能最好的材料。目前已发现具有形状记忆效应的合金有几十种之多（图 9-49）。

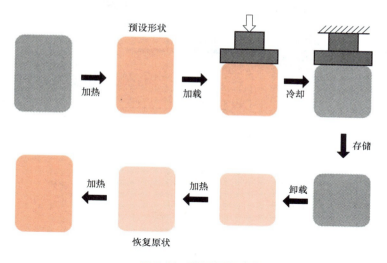

图 9-46 形状记忆过程

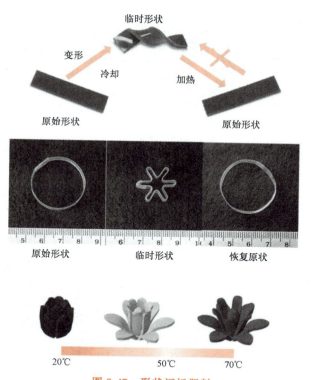

图 9-47 形状记忆塑料

以形状记忆合金制成的弹簧为例，把形状记忆合金弹簧放在热水中，弹簧立即伸长，再放到冷水中，它会立即恢复原状。形状记忆合金弹簧可以实现很多开关控制功能，例如，浴室淋浴水管的水温，在热水温度超过设定温度时，通过形状记忆合金弹簧依水温自动伸缩的功能，调节或关闭热水供给，避免造成烫伤。形状记忆合金的形状记忆效应可广泛应用于各类温度传感器触发器中。

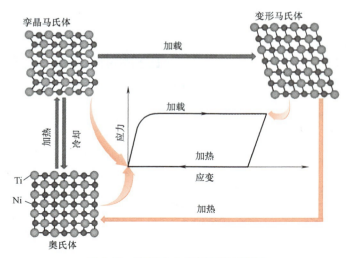

图 9-48　TiNi 合金的形状记忆效应

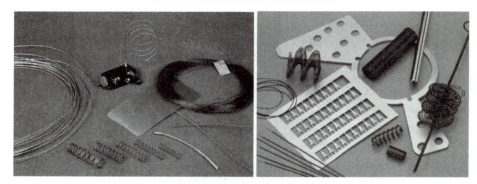

图 9-49　形状记忆合金

　　形状记忆合金在临床医疗领域内有着非常广泛的应用，例如，伤骨固定加压器、牙科正畸器、各类腔内支架、栓塞器、心脏修补器、血栓过滤器、介入导丝和手术缝合线等（图 9-50）。

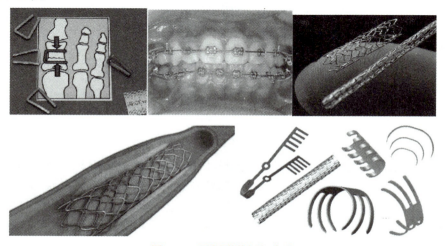

图 9-50　医用形状记忆合金

在航空航天领域内形状记忆合金的应用有很多成功的范例。人造卫星上庞大的卫星天线可以用形状记忆合金制作（图 9-51）。发射人造卫星之前，将抛物面天线折叠起来装进卫星体内，火箭升空把人造卫星送到预定轨道后，只需加温，折叠的卫星天线因具有记忆功能而自然展开，恢复抛物面形状。

形状记忆合金另一种重要性能是超弹性，表现为在外力作用下，形状记忆合金具有比一般金属大得多的变形恢复能力，即加载过程中产生的大应变会随着卸载而恢复。这一性能在医学和建筑减震以及日常生活方面得到了普遍应用如前面提到的伤骨固定加压器、牙科正畸器等（图 9-50）。用形状记忆合金制造的眼镜架，可以承受比普通材料大得多的变形而不发生破坏（这里并不是应用形状记忆效应）。

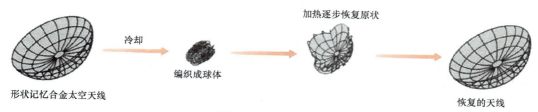

图 9-51 卫星天线

形状记忆合金的优点是生物兼容、应用广泛、力学性能良好（强度高，耐腐蚀），缺点是价格昂贵、疲劳强度低、应力过大。

9.4 材料的选用

材料的选用主要涉及新产品或新设计中的材料选用及产品局部改进设计中的材料替换。主要有功能优先、工艺优先及环境优先等策略。功能优先强调满足产品功能需要的材料性能，如刚度、强度、硬度及最高工作温度等。工艺优先策略专注于制造成本。环境优先主要考虑产品自身及其制造工艺对环境的影响。

1. 功能优先策略

对于全新产品或系统的设计与开发，功能优先原则聚焦如何实现客户需求。主要在详细设计阶段，针对对应客户需求设计参数，综合考虑力学性能完成产品功能。这是实现产品功能是第一要素。

对于现有产品的局部改进设计，在新技术或新材料可望带来产品功能或性能的显著改善时，可以考虑局部替换现有产品中的材料，如汽车等运输工具采用复合材料可大幅度降低自重，从而提升燃油经济性。滑动轴承中采用新材料可以提升耐磨性，延长产品寿命。

2. 工艺优先策略

对于面向大众消费市场的产品（如汽车、自行车、冰箱及洗衣机等），竞争要求大幅度降低制造成本。面向制造的设计是实现工艺优先设计的重要手段，其主要通过减少零件数量、用低成本材料替换高成本材料等方式大幅度降低制造成本（图 9-52）。

3. 环境优先策略

所谓环境优先策略主要基于两个方面的考虑。一方面考虑产品本身在使用、运行及

8个零件设计
成一个零件

强度、刚度相当，
质量更轻
制造装配成本
大幅度降低

图 9-52　面向制造的设计

回收过程中对环境的影响，例如，可降解材料及可再生资源的选用可以大幅度降低产品对环境的压力。另一方面考虑产品的材料，应适合绿色制造的要求，所选用材料的零件在制造过程中不会造成环境污染。例如，需要高几何精度的金属零件，通常需要采用切削加工的方式实现精度，这时应优先考虑采用能进行干式切削的材料（因为湿式加工所需要的切削液会污染环境）。

9.5　小结

　　产品设计与开发过程中基于产品对材料的性能要求，应综合考虑功能、工艺、环境及成本因素选择材料。材料的性能包括物理性能、化学性能、传热性能、导电性能及力学性能。力学性能是产品设计与开发需要重点关注的性能。力学性能包括弹性模量（刚度）、强度、韧度、延展性及最高工作温度等。

　　智能材料由于其特殊的功能属性，可为产品设计与开发提供广泛的解决方案。

　　设计过程中，按照功能优先、工艺优先及环境优先的策略选择材料。功能优先策略强调满足产品功能需要的材料性能，如刚度、强度、硬度及最高工作温度等，力求最大限度地满足用户需求。工艺优先策略力求降低制造成本，提升产品的成本竞争力。环境优先策略从产品使用和制造两个方面力求选用对环境无害的材料。

 习题与思考题

9-1　应力-应变曲线能给出材料的哪些力学性能？

9-2　强度高的材料则刚度也不会差，这种说法对吗？

9-3　什么是材料的最高工作温度？

9-4　查阅文献，理解材料硬度与耐磨性的关系。

9-5　举例说明形状记忆合金的用途。

9-6　智能材料能否用于课程项目涉及的产品？如果可以，给出初步的解决方案。

9-7　功能优先、工艺优先及环境优先的材料选用策略涉及哪些内容？

9-8　所在课程项目实践中采用了何种材料选用策略？为什么？

第 10 章

样机制作与测试

▶ **本章学习目标** ▶
1. 能够理解样机在工程设计与开发过程中的作用。
2. 能够理解产品设计与开发阶段不同样机的特点。
3. 能够确定产品设计与开发不同阶段样机的制作目标。
4. 掌握产品设计与开发各阶段样机的制作策略。
5. 掌握样机测试的要点。
6. 能够通过团队合作完成课程项目样机制作与测试。

10.1 产品开发过程中的样机

如前述章节所述，产品开发过程可以分为策划阶段、方案设计阶段、详细设计阶段、工艺设计阶段、批量制造准备阶段等。为方便产品论证并建立产品信心，在产品开发各阶段都可以制作样机。

1）在产品策划阶段通常会制作产品概念机，用于内部、供应商、头部客户甚至市场推广论证。概念机强调样机外观与造型（图10-1），有时也提示或包含初步的技术解决方案（图10-2）。概念机与最终产品看起来一样（looks like model），概念机通常由设计工程师与工业设计师（图10-3）共同完成。

图 10-1 概念机

157

图 10-2　带技术解决方案的概念机

图 10-3　设计工程师与工业设计师

2）在方案设计阶段通常会制作方案验证机，方案验证机聚焦或强调产品实现功能的关键技术或关键子问题，能够完成产品主要及关键功能（works-like model）。方案验证机用于测试及评估关键功能的技术性能及产品初步的总体解决方案（图10-4）。

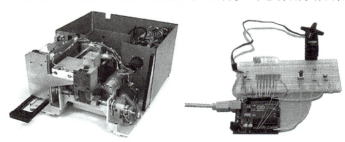

图 10-4　方案验证机

3）在详细设计完成后，通常会制作产品的 α 样机（图10-5），α 样机与最终产品的材料与尺寸完全一致（looks-and works-like model），但零部件制造工艺与最终产品不同。α 样机用于系统测试与评估产品的所有功能、性能及设计指标。

4）在产品工艺设计阶段，需要制作产品 β 样机（图10-6）。β 样机面向批量生产，以降低制造成本为目标进行工艺设计（production process design model），制造部门面向

图 10-5　α样机

β样机进行产品生产规划与工具准备（图10-7），同时测试与评估制造工艺。

图 10-6　β样机

图 10-7　面向β样机的产品规划与工具准备

5）在批量制造准备阶段，制造部门在生产线上制造销售样机（real product model）（图10-8）。这也是生产线生产的第一批产品。生产过程中测试与评估产品装配过程及质量控制系统。

图 10-8　装配调试中的汽车销售样机

10.2 样机制作

制作的样机可以分为实体模型与数字模型两类。在产品开发各阶段都可以制作这两种类型的样机。

1. 实体模型机

产品概念实体模型机（概念机）可以委托专业公司制作（图10-1，图10-2），也可以由研发团队中的工业设计工程师制作（图10-3）。

产品技术方案验证模型通常由设计开发团队完成。设计开发团队通常在配有制造设备的实验室（图10-9）并在实验室技师的帮助下（图10-10）完成方案验证实体模型的制作。

图 10-9　制造实验室

图 10-10　实验室技师

产品 α 样机在配备先进数控加工设备与检测设备的研发车间制作（图10-11），需要在专业技师（图10-12）的帮助下完成。

图 10-11　研发车间

β 样机及销售样机均由生产工程师及工艺技术人员在实际生产车间完成（图10-13）。

图 10-12　专业技师

图 10-13　生产车间

2. 数字模型机

产品数字模型机分静态（图 10-14）、动画（虚拟现实，图 10-15）两类，在所有样机研发阶段可在整机及零部件验证时采用。

图 10-14　产品静态数字模型

图 10-15　产品虚拟现实展示

10.3 快速原型制造

由于现代产品生命周期越来越短，要求越来越快的产品设计与开发速度。传统的用于设计验证的实体模型制造周期长，无法满足产品开发需求。因此，在20世纪90年代初诞生了快速原型制造技术（rapid prototyping）（图10-16）。快速原型制造从数字模型直接生成实体模型，采用层层叠加的所谓增材制造方法（图10-17）产生实体模型，后来逐步发展到今天的3D打印技术。

图 10-16 快速原型制造技术

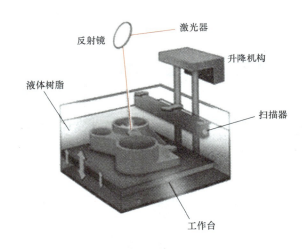

图 10-17 增材制造原理

随着3D打印技术的快速发展，快速原型制造可以按照材料性能制造不同成本的模型，几乎可以应用于产品设计的所有阶段（图10-18），用于进行设计、装配及工艺论证。对于中小批量的产品，甚至可以直接采用3D打印技术制成真实零件直接应用于α样机、β样机及实际产品（图10-19）。

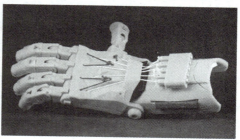

图 10-18　3D 打印系统生成的实体模型

图 10-19　3D 打印系统生成的产品零件

10.4　测试

　　产品设计与开发过程中为了验证设计或技术性能，不仅需要对产品样机进行人工感官评估，还需要设计相应的性能实验或试验系统以对产品、部件或零件进行试验或实验测试和分析。这些测试主要是功能验证测试（图 10-20）以及涉及产品使用寿命与性能的失效测试（图 10-21）。

图 10-20　功能验证测试

图 10-21 失效点测试

1. 验证测试

验证测试主要测试产品或样机能否满足设计指标或规定指标。由于产品及性能千变万化，具体的测试工作需要结合产品的关键客户需求展开。下面通过三个案例来说明验证测试试验。

例 10-1 电动机 α 样机转矩测试。

某电动机 α 样机（图 10-22）的设计指标：以 1000r/min 的转速输出 50N·m 的转矩且温升相对环境温度不超过 20℃。根据需要测试的指标，首先要设计测试系统（系统要能测量转速、电动机轴的输出转矩及电动机的温度），而该测试试验系统同样需要按照产品设计的思路进行设计、制造、装配并调试（图 10-23）。将设计的电动机样机安装到试验台上进行测试，如果 α 样机达不到设计指标，则需要重新检查并修改设计（图 10-24）。

图 10-22 某电动机 α 样机

图 10-23 电动机性能试验系统

图 10-24 检查并修改设计

例 10-2 电磁阀功能测试。

电磁阀（图 10-25）的功能测试主要是指检查开启功能和密封功能，其测试原理及测试系统如图 10-26 所示。电磁阀开启功能（工作压力差）及密封功能（泄漏量）未达到设计指标，需要仔细分析各个零部件的设计方案，制造及装配工艺是否存在缺陷。电磁阀零部件如图 10-27 所示。

图 10-25 电磁阀

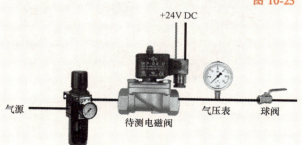

a) 功能测试原理

b) 功能测试系统

图 10-26 电磁阀功能测试系统

165

图 10-27 电磁阀零部件

例 10-3 飞行器风洞试验。

风洞（wind tunnel）试验系统被称为飞行器的摇篮。风洞试验系统是以人工的方式产生并且控制气流，用来模拟飞行器或实体周围气体的流动情况，并可量度气流对实体的作用效果以及观察物理现象。它是进行空气动力实验最常用、最有效的工具之一，被广泛应用于飞机、火箭、导弹及汽车等产品或系统的空气动力学性能分析与验证。NASA（美国国家航空航天局）的风洞试验系统如图 10-28 所示。

图 10-28 NASA 的风洞试验系统

从以上三个案例可见，产品设计与开发过程中的功能测试系统本身也需要按照产品设计与开发流程进行开发，需要投入大量的资源，是产品设计与开发成本的重要组成部分。有些测试验证系统的技术实现难度可能比产品本身技术难度还要高（如风洞试验系统）。为了降低试验验证成本，计算机仿真验证技术得到了广泛的应用和发展。如计算流体动力仿真（computational fluid dynamics）技术可以大幅度降低产品空气动力学验证成本（图 10-29）。

2. 失效测试

失效测试是验证产品性能的重要手段。通常以预设并加速失效的方式测试产品的功能或设计指标，试验目的是了解失效模式，检查设计缺陷。加速试验系统有疲劳试验系统（图 10-30）、老化试验系统（图 10-31）等。

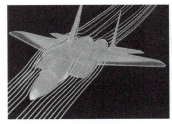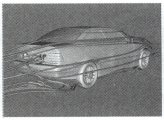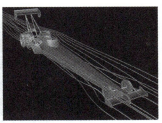

图 10-29　计算流体动力仿真

图 10-30　整体疲劳试验机

图 10-31　电子终端产品老化试验室

例 10-4　轴承失效测试

　　轴承失效试验用来测试轴承在给定载荷下的失效模式（图 10-32）。轴承零件失效模式有：磨损（图 10-33）和疲劳破损（图 10-34）。

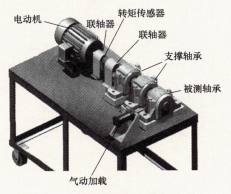

电动机　联轴器　转矩传感器
联轴器
支撑轴承
被测轴承
气动加载

图 10-32　轴承失效试验台

图 10-33　轴承内圈及滚柱磨损

图 10-34　轴承滚珠的疲劳破损

10.5　小结

　　产品设计与开发过程中需要很多仿真与试验验证，以确保产品功能、性能、使用寿命等满足客户需求。因此产品设计与开发的不同阶段不仅需要制作数字模型，还需要制作实体样机。产品设计基于数字模型的验证通常通过专业的仿真软件完成。产品实体样机的验证有时需要设计专门的试验系统完成。

习题与思考题

10-1　简述概念机与方案验证机的区别。

10-2　简述 α 样机与 β 样机的区别。

10-3　课程项目属于产品设计与开发的哪个阶段？

10-4　课程项目需要制作哪种样机？

10-5　制作课程项目样机。

10-6　确定样机所需进行的测试。

附 录

课程项目实施流程

实施课程项目，是为了提高工科学生的工程能力（包括交流能力、创造能力），因此，整个课程项目的实施应该强调"过程"，淡化"结果"。

强调"过程"就是要让所有同学，围绕工程创造问题，进行练习（发现需求、撰写项目建议、拟定解决方案、进行方案可行性分析论证、实施方案、测试样机、撰写研究报告等）。

淡化"结果"就是不过分关注项目最终完成样机的水平，避免项目学习过程中容易产生的急于求成的现象（常见的问题是，很多同学在项目启动不久就要求进行样机制作，对于项目实施过程中应该提交的各阶段报告、论证不够重视）。

强调"过程"，淡化"结果"就是要避免项目学习过程中出现的"虚假繁荣"现象，即项目完成得很"漂亮"，而项目组成员各项工程能力的提升不足（创造力提升不明显、报告不会写、论证不会做等问题）。

1. 立项过程（第 1~4 个教学周）

（1）项目来源及背景　每位同学都需要从自己的兴趣或日常生活中，挖掘需要发明或改进的产品，从而确定自己的项目研究或开发内容，并撰写项目建议书。（第 1~2 周的课后作业）

（2）项目初选　任课教师依据学生所提项目内容的创造性、可行性，初步筛选 8~10 个项目作为初选入围项目。（第 2 周周末完成）

（3）确定课程项目并组建相应的课程项目小组　初选入围的学生，需要进一步完善项目建议书并制作 PPT 演示文稿，进行课堂宣讲与答辩。（第 3 周完成）

班级同学，对初选项目进行投票（依据个人兴趣，每个同学必须且只能选择一个项目）。不少于 3 票的项目（即至少有 3 名同学参加的项目）可以立为正式的课程项目。当同时选择某一项目的人数多于 10 人时，可拆分为两个以上的项目小组（一个项目组一般应由 3~5 名同学组成）。（第 4 周完成）

为了培养同学的组织、管理及领导能力，各个项目组成员必须轮流担任项目小组长。

2. 项目实施

（1）定义问题（需求分析）　项目组对项目建议书中提出的产品需求，进行进一步确认，并给出明确的定义。　（第5周）

（2）方案设计（又称概念设计）　针对需求，进行调研（查阅国内外专利、文献等），广泛征集解决方案，并对所提方案涉及的关键技术进行定义。　（第6~9周）

（3）可行性分析　聚焦1~2个方案（获得所有小组成员的认可），从技术实现难度、成本及时间进度等方面进行分析论证，撰写可行性分析报告，并准备PPT进行课堂宣讲、答辩。

获得通过的方案，可以进入详细设计阶段开展工作。

未获通过的方案，需要重新拟定新的解决方案，获得任课教师同意后方可进入下一阶段。

（4）详细设计及论证　方案设计通过可行性论证后，即可进行详细设计（确定材料、零部件及相互的配合等）。详细设计阶段项目学习的要点是需要尽可能多地选用标准零部件（标准零部件可以大批量制造，成本低、质量高），并理解制造误差、质量与成本的关系。

详细设计完成后，需要给任课教师提交详细设计报告或系统设计图样，获得教师认证通过后，方可进行下一阶段的工作（样机制作）。　（第10~13周）

（5）样机制作　样机制作的关键是装配与调试。由于存在制造误差、设计缺陷，样机各零部件装配过程中会存在干涉甚至无法安装的问题，这时需要对零部件进行修磨，有时甚至需要反思并修改设计。　（第14~15周）

（6）项目展示与交流　项目展示的目的是提升学生的表达与交流能力。每个课程项目不仅需要展示自己的样机，还需要准备展板及演示PPT。项目展示过程中，需要向同学、教师演示样机，介绍项目的创新点，并回答问题。　（第16周）

参 考 文 献

［1］ 米洛. 月球上"万户山"的由来——世界第一位火箭人万户壮举［J］. 航空档案，2003
（5）：73.

［2］ Wikipedia. Research and development［DB/OL］. ［2020-09-03］. http：//en. wikipedia. org/wiki/Research_and_development#cite_note-fn_1-0.

［3］ Organization for Economic Co-operation and Development［DB/OL］. ［2020-09-03］. http：//www. oecd. org/home/0,3675,en_2649_201185_1_1_1_1，00. html.

［4］ JOHANSSON B，LÖÖF H. The Impact of Firm's R&D Strategy on Profit and Productivity［J］. CESIS Electronic Working Paper Series，2008（12）：156-184.

［5］ SCHAFERSMAN S D. An Introduction to Science Scientific Thinking and the Scientific Method［EB/OL］. ［2020-09-03］. http：//www. muohio. edu/~schafesd/documents/intro-to-sci. htmlx.

［6］ Wikiquote. Edward de Bono［DB/OL］. ［2020-09-03］. http：//en. wikiquote. org/wiki/Edward_de_Bono.

［7］ EDWARD D B. Lateral thinking：creativity step by step［M］. Michigan：Harper & Row，1970.

［8］ DAVIES M K，HOLLMAN A. Joseph Leopold Auenbrugger（1722-1809）［J］. Hear，1997，78（2）：102.

［9］ BRYSON S，LEVIT C. The virtual wind tunnel［J］. IEEE Computer Graphics and Applications，1992，12（4）：25-34.

［10］ 平古. 美国工程与技术鉴定委员会［J］. 高教发展与评估，2010，26（6）：116-116.

［11］ REECE H. Fundations of Engineering［M］，2nd ed. New York：The McGraw-Hill Companies，2003.

［12］ ALTSHULLER G S，CLARKE D W，LERNER L，et al. 40 principles，extended edition：TRIZ keys to innovation，volume 1［M］. Mass：Technical Innovation Center，2005.

［13］ ALTSHULLER G S. Innovation Algorithm［M］. Mass：Aseanheartjournal Org，1999.

［14］ DIETER G，SCHMIDT L. Engineering design［M］. 北京：机械工业出版社，2015.

［15］ 刘庚寅. 公差测量基础与应用［M］. 北京：机械工业出版社，1996.

［16］ 刘鸿文. 材料力学教程［M］. 北京：机械工业出版社，1993.

［17］ National Air and Space Museum. Wind tunnel test system［EB/OL］. （1995-909-14）［2020-09-03］. https：//airandspace. si. edu/collection-objects/nasa-full-scale-wind-tunnel-fan.

［18］ The University of Alabama at Birmingham. Computationalfluiddynamics［EB/OL］. ［2020-09-03］. https：//www. uab. edu/engineering/me/research/computational-fluid-dynamics.

［19］ Mandanis Angewandte Mechanik GmbH. Full Scale Fatigue Test［EB/OL］. ［2020-09-03］. https：//mandanis. ch/bilder-und-beispiele/full-scale-fatigue-test/

［20］ Telepower Communication Co.，Ltd. Electronic terminal product Aging laboratory［EB/OL］. ［2020-09-03］. https：//www. telpopos. com/